森林报

SEN LIN BA 春

[苏]维·比安基◎著
叶德新◎译

吉林出版集团有限责任公司

大自然的每一个领域都是美妙绝伦的。

——古希腊哲学家 亚里士多德

目录
contents

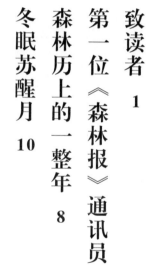

春

目录 contents

春

2

目录 contents 春

致读者

　　大部分报纸上刊登的都是关于人类的事情。但是就算如此，孩子们仍然很喜欢了解一些关于飞禽走兽以及昆虫如何生活的信息。

　　森林里每天发生的事情可不比城市里少。因为森林里的动物也像城市里的人一样每天都在进行着各种工作，也会有愉快的节日，有时也会发生一些令人悲伤的事件。同时森林里也有英雄与强盗。但是，对于这些事情，城市里的报纸却很少报道，所以大家都不知道森林里有什么新鲜事。

　　比如，有没有谁听说过，在寒冷的冬天，我们列宁格勒州那里会有一些没长出翅膀的小蚊虫从土中钻出来，然后光着它们的小脚丫在雪地里乱跑？有没有谁能在报纸上看到关于被称为"林中壮汉"的麋鹿之间的大战、候鸟集体搬家以及秧鸡徒步穿过整个欧洲的那些令人觉得好笑的消息？

　　这些关于森林的消息，你都可以在《森林报》上看到。

　　《森林报》总共有 12 期，每个月一期，我们将其编成了一本书。每期的内容都包括：编辑部撰写的文章，《森林报》通讯员发来的电报以及信件，还有一些关于打猎的故事。

　　那么《森林报》的通讯员又都由谁来担任呢？有小朋友，

有猎人，有科学家，也有林业工作者——他们经常到森林里去，对于飞禽走兽以及昆虫的生活都非常关心，然后通过观察，他们将自己在森林里的各种所见所闻记录了下来，并写成新闻稿寄到了我们的编辑部。

第一本《森林报》是在1927年出版的，之后又多次再版，每次再版我们都会增加一些新栏目。

我们编辑部的一个特派记者曾经采访过著名猎人塞苏伊奇。他们一起在森林里打猎，后来在篝火旁边休息时，我们的记者就倾听了塞苏伊奇讲述他曾经经历过的一些有趣的冒险故事，并将它们记录下来寄回了编辑部。

《森林报》是一种地方性的报纸，在列宁格勒编辑出版，因此它所报道的内容基本上都是发生在列宁格勒州内或者列宁格勒市①内的事情。

不过，我们苏联的国土可谓辽远广阔，以至于东西南北四方的情景截然不同：北方边境上，你能看到肆虐的暴风雪，那里的人们血管里的血液都被冻得冰凉；南方边境上，却有暖洋洋的阳光普照大地，那里到处是百花盛开的景象；西部边区，孩子们忙碌了一天刚刚躺下睡觉；东部边区的孩子们却已经睡醒了，起床开始迎接新的一天。因此，《森林报》的读者们提出了一个建议——希望通过阅读《森林报》，在了解列宁格勒州内发生的事情的同时，还能知道在我国的其他地区发生的事情。为了满足读者们的这一需求，我们便在《森林报》上开了一个新的栏目，叫做"呼叫东南西北"。

此外，我们还转载了许多塔斯社曾经登载过的关于孩子们的工作以及功绩的报道。

身兼生物学专家、植物学专家以及作家等职的尼娜·米哈伊罗芙娜·巴甫洛娃也被邀请来为我们的《森林报》撰写文章，谈论我国所拥有的那些有趣的植物。

如果我们的读者想要学会如何改造自然、如何随自己的想法来管理动植物的生活，就必须先要了解自然界的生活才行。因为等到《森林报》的读者们长大成人之后，是要亲自去培育那些令人惊奇的新的植物品种的，并对森林进行有效的管理，使其对祖国的发展作出贡献！

但是，想要做到这些就必须先要热爱并熟悉自己祖国的领土，也就是要认识祖国的领土，认识祖国领土内的动植物，将它们的各种生活习性了解透彻，才不会弄巧成拙，以至于造成无法弥补的损失。

这是《森林报》最新出版的第九个版本，是经过了编辑部的重审与增订的。在这里边刊登了"一年——分为12个章节的太阳诗篇"。此外我们还引用了生物学专家尼娜·米哈伊罗芙娜·巴甫洛娃的大批报道，让"集体农庄②新闻"这一栏目的内容变得更加充实。书中还发表了我们编辑部的战地通讯员从林中巨兽拼杀的战场上发回来的报道。当然，我们更为钓鱼爱好者开辟了一个新的栏目——"祝您钓到大鱼"。

纪念我的父亲

瓦连京·立沃微奇·比安基

① 今名"圣彼得堡市"。

② 集体农庄又称农业劳动组合，是十月革命后苏联农民自愿组成的集体经济组织。集体农庄的主要生产资料和劳动产品归全体庄员所有。集体农庄的土地归国家所有，由农庄永久使用。集体农庄实行按劳分配，允许庄员经营规定的宅旁园地和家庭副业。

第一位《森林报》通讯员

在很多年以前，列宁格勒利斯诺耶附近的居民，经常能在公园里遇到一位白发苍苍的戴着眼镜的教授。这位教授的眼睛非常锐利，他随时都在倾听着鸟儿的每一声啼鸣，仔细观察着每一只飞过身边的蝴蝶或者是苍蝇。

生活在大都市里的居民，是不会像他那样专心致志地注意着每一只刚刚孵出的鸟儿，或者是春天在花丛中翩翩起舞的每一只蝴蝶的。可是这位老人呢？在春季林中发生的每一件事都不可能逃过他的眼睛。

这位名叫德米特立·尼基罗维奇·凯戈罗多夫的老人是一

名教授。他已经持续观察我们城市以及近郊的生物自然界整整五十年了。在这几十年间，季节轮换，周而复始，鸟儿离去之后又飞回，花开花谢，凯戈罗多夫教授将他观察到的这一切都清清楚楚地记录了下来——什么时间发生了什么事情，并一一在报刊上发表出来。

此外他还号召他人，特别是那些青年人，让他们观察自然界，然后将观察结果记录下来并寄给他。已经有不少人响应了他的号召。就这样，凯戈罗多夫教授的这支观察自然的通讯员大军开始年复一年地发展壮大起来。

一直到了现在，有很多的自然爱好者——我国研究乡土的专家、科学家以及小学生们，仍然按照凯戈罗多夫教授创下的先例，继续着这样的观察工作，并将观察记录加以收集整理。

在这五十年中，凯戈罗多夫教授的手头上积累了越来越多的观察记录，他将这些记录都归拢在了一起。正是由于他和一些我们无法知道名字的科学家长年累月地辛勤工作，使得现在的我们能知道候鸟在春天的什么时候飞到我们这里来，又在秋天的什么时候从我们这儿飞走；也让我们知道这里树木以及花卉的生长情况。

凯戈罗多夫教授有许多谈论鸟类、森林以及田野的书都是为孩子和大人们写的。他曾经做过中学教师，从那个时候起他就认为：孩子们想要研究祖国的大自然，只依靠书本是完全不够的，还应该亲自到森林和田野中去体验。

1924 年的 2 月 11 日，第二年的新春来临之前，凯戈罗多夫教授最终在长期的病痛折磨下逝世了。

我们会永远记住他的。

森林历上的一整年

也许有些读者会认为《森林报》上登载的森林新闻和城市新闻都不是最新的。其实这样的看法是不对的。虽然每年都有春天，但是每年的春天一定都是全新的，无论你能活上多少年，你都不可能看到两个完全一样的春天。

一年就好像一个有着 12 根辐条的车轮，上面的每一根辐条就相当于是一个月，当 12 根辐条都转了一圈的时候，就说明车轮也转了一圈，接下来，又轮到第一根辐条开始转圈了。只不过，这个时候的车轮已经没有停在原处，而是滚到稍远一点的地方了。

春天再次来临。森林慢慢苏醒过来了，熊从冬眠的洞穴里爬了出来，因为春天的小雨把森林动物们的地下洞穴都给淹没了，鸟儿从远方飞了回来，又开始快乐地嬉戏舞蹈，野兽们也开始生儿育女。而《森林报》的读者们将能在报纸上看到各种最新的森林新闻。

《森林报》上使用的日历是森林历。它与普通的历书不太一样，不过这也没什么可奇怪的。因为，鸟兽的生活与我们人类是不一样的！它们有属于它们自己的独特历书：森林里的所有生物都是依靠太阳的运转来安排自己的生活的。

太阳在天上转了大大的一圈，就是森林历上的一年。太阳每经过一个星座，就相当于走过了黄道带上的一宫，也就是一个月。所谓黄道带就是太阳走过的 12 个星座的总称。

森林历上标示的新年，并没有在冬天，而是推后到了春天，也就是在太阳经过白羊宫的时候。在森林里，迎接太阳的日子是非常愉快的；而给太阳送行时气氛则完全相反，非常惨淡。

我们参照普通历书那样，依旧把森林历上的一年划分为 12 个月。但是，根据森林里的具体情况，我们给每个月份又另外起了新的名字。

冬眠苏醒月
（春季第一个月）

一年——分为 12 个章节的太阳诗篇

恭贺新年！

3月21日正是春分时节。这天，白天和黑夜是一样长的，也就是有半天会挂着太阳，而另外半天则是夜晚。同时，这天也是森林里迎新春的好日子。

民间有这么一个说法：三月好啊，冰雪消融。在这个时节，阳光和煦，积雪也因此开始变得松松软软，表面开始出现蜂窝一样的小孔，而且显得有点灰不溜秋的，完全没有了冬天时的洁白样子，看来它已经挺不住要让步了！屋檐上的一根根冰柱也逐渐开始融化，化开的水珠顺着冰柱滴落，一滴又一滴……地上渐渐形成了一个个的水洼，麻雀们高高兴兴地在水洼里扑腾自己的翅膀，想借此洗掉羽毛上沉积了一个冬天的尘垢。花园里的山雀也开始快乐地一展歌喉。

　　春天伴随着阳光降临到了人间。它规规矩矩地展开了工作。首先，它将大地从冰雪中解放了出来：冰雪融化，土地渐渐露出了它本来的相貌。而这个时候，河水还在厚厚的冰层下沉睡，森林也仍然在大雪的底下睡得香甜。

　　俄罗斯有一个古老的风俗，那就是在 3 月 21 日的早晨，人们会用白面来烤"云雀"吃。这是一种当地特有的小面包，面包的前面捏出了一个小鸟嘴，小鸟的眼睛则是两颗葡萄干，所以将其称为"云雀"。就在这天，人们会将关在鸟笼中的鸟儿一一放生，让它们重新回到大自然的怀抱中去。按照现在的新习俗，爱鸟月就从这一天开始。这天，孩子们会把他们的精力都放在这些长着一对翅膀的小家伙身上：他们在树上挂满了

"小鸟之家"——椋（liáng）鸟和山雀的小房子、树洞式人造鸟窠；还有些孩子将树枝交叉绑在了一起，这样方便鸟儿做窠；还有些孩子为这些可爱的小生灵开办了免费的食堂；另外还有些孩子在学校以及一些俱乐部里会举行报告会，主题就是鸟类对于我国森林、田地、果园以及菜园所起到的保护作用等，要用什么样的方法来爱护并欢迎这些活泼可爱的有着一对翅膀的歌唱家们。

在 3 月份，母鸡已经能在大门口尽情畅饮了。

林中大事记

雪地里的吃奶娃娃

积雪在田野里还没有化去,兔妈妈就已经将小兔儿生下来了。

刚生下来没多久,小兔儿的眼睛就睁开了,它们的身上还穿着暖和的小皮衣。这些小兔儿一出世就能到处跑跳,它们在兔妈妈这里喝足了奶就跑开了,喜欢藏在灌木丛里或者草墩子下面,这个时候兔妈妈也不知道跑哪里去了,但是小兔儿们还

是乖乖地躺在那里，既不叫唤，也不淘气。

　　一天又一天过去了。兔妈妈还在田野里到处跑跳，早就把它的小兔儿们忘了。可是小兔儿们还是老老实实地躺在原处。它们可不敢到处乱跑呀！一乱跑，就有可能被老鹰看见，或者被狐狸等动物发现自己的踪迹。

　　终于，好不容易有一位兔妈妈从它们身边经过了。不对，这位兔妈妈不是它们的妈妈，而是一位不认识的兔阿姨。于是，小兔儿们就跑到它身边去求它：喂一下我们吧！

好吧，来吃吧！兔阿姨把小兔儿们喂饱之后，就离开了。

吃饱的小兔儿又回到灌木丛里继续躺着。这时候，也许它们的妈妈也在什么地方喂着别家的小兔儿呢。

原来兔妈妈之间有这么一个规矩：它们觉得所有的小兔儿都是大家的孩子。不管兔妈妈在什么地方看到一窝小兔儿，只要小兔儿有需要，它都要给它们喂奶。至于是自己亲生的小兔儿，还是别的兔妈妈生的小兔儿，那不重要！

你们是不是认为小兔儿没有了兔妈妈的照顾，就没有办法过好日子了？才不是这样呢！它们身上都穿着小皮衣，非常暖和。而兔妈妈们的奶水又浓又甜，小兔儿只要吃一顿，就可以好几天都不用吃东西了。

到了第八九天，小兔儿们就可以断奶，转而吃草了。

第一批开放的花

最早开放的花出现了。不过，不要指望能在地面上找到它们，因为这个时候地面上仍然覆盖着白雪。森林中，只有边缘地带附近能听到河水流动的声音，水已经满到快从沟渠中溢出来了。看，就在这里，在这褐色的水面上，你能看到原本光秃秃的榛子树的树枝上，已经开出了第一批花。

充满弹力的灰色的小尾巴一根根地从树枝上倒垂下来；按照植物学中的说法，它们被称为葇荑（róu tí）花序，其实就外貌而言它们与其他葇荑花序的植物长得并不像。你摇一摇这种小尾巴，就会看到它里面飘落出很多花粉。

比较奇怪的是，这几根榛子树枝上居然还长了另外一种样子的花。这种花两朵一团、三朵一簇地生长在一起，很多人都以为它们是蓓蕾。这些"蓓蕾"顶端都伸出了看着像线，但是又像小舌头一样的红色的小东西。原来这就是植物学上说的雌花的柱头，它们的作用就是接受被风吹来的其他榛子树枝上的花粉。

微风吹拂在光秃秃的树枝之间，树枝上没有树叶，所以在风的面前没有什么东西能阻挡它的去路，它可以尽情地去摇晃那些葇荑花序，或者是传播花粉。

榛子花总归是要凋谢的，而葇荑花序也是

要脱落的，那些蓓蕾一样的奇妙小花顶端的红线最终也会干枯的。到了那个时候，每一朵小花就会变成一颗榛子。

尼娜·巴甫洛娃

春天里的妙计

森林中，猛兽经常会袭击那些温顺的动物，不管在什么地方，只要一看见它们，就会立刻扑过去将它们捉住。

冬天的时候，白色的兔子以及白色的山鹑在白雪皑皑的地上，想要发现它们是很困难的。但是现在天气变暖，雪已经开始融化了，有许多地方的地面已经裸露了出来。狼啊，狐狸啊，鹞鹰啊，猫头鹰啊，甚至是白鼬或伶鼬这样的小食肉兽，在离得很远的地方就能看到已经没有白雪覆盖的黑色土地上显眼的白兽皮或是白羽毛。

所以，白兔子、白山鹑这类动物想出了一个妙计：它们开始脱掉自己身上的白毛，新长出来的毛则变成了别的颜色。原本白色的兔子变成了灰兔；而白色的山鹑也脱掉了身上的白羽毛，重新长出了褐红夹杂着黑色条纹的新羽毛。所以现在想要找到兔子和山鹑已经不是那么容易的事了，因为它们都变装了。

而那些经常袭击小动物的食肉小兽也开始变装了。冬天的时候，伶鼬浑身都是雪白的皮毛，白鼬亦是如此，唯一不同的就是它的尾巴尖儿是黑色的。因此在到处都是银装素裹之时，它们可以借着雪地来掩饰自己的行踪，偷偷爬到那些温顺的小动物面前，毕竟白色的毛皮在雪地上的确不容易被发现。但是现在呢，这些食肉小兽也都开始换毛了，它们的皮毛变成了灰色。伶鼬全身都是灰色的皮毛，白鼬的皮毛虽然也变成了灰色，但是尾巴尖儿那里还是和原来一样，仍然是黑色的。不过，衣服上带个小黑点儿，不论是在冬天还是夏天都是不碍事儿的——雪地里不是经常也有黑斑或黑点儿吗？通常就是一些垃圾或是小枯枝什么的。而在土地和草地上，这样的黑色斑点儿就更是随处可见了。

冬天的来客准备起程上路

在我们州各处的行车道路上，随时可以看见一群群有着白色羽毛的小鸟，它们的样子特别像鹀（wú）鸟。这是一种习惯在我们这儿过冬的客人——雪鹀以及铁爪鹀。

它们的故乡位于北冰洋沿岸以及岛屿上的冻土带。那里的气候比我们这儿更加寒冷，因此还要过一段时间，土地上的冰雪才会开始解冻！

可怕的雪崩

森林里开始发生可怕的雪崩。

松鼠的家在一棵大云杉树的枝丫上，这个时候松鼠正在它温暖的窝里睡觉。

忽然，一团很沉的雪从树梢那里塌落下来了，没有任何偏差，正好掉在了松鼠窝的顶上。松鼠受到惊吓，立刻从窝里蹿出来，但是它刚刚生下来的、软弱无力的孩子们还在窝里呢！

松鼠立刻将雪扒开。还好雪团只是压住了用粗树枝搭的窝顶，里面那个铺着苔藓的松软温暖的小窝并没有被雪压坏。至于窝里的小松鼠们，甚至没有受到雪崩的影响，还在呼呼大睡呢！刚出生的它们体型还很小——像小老鼠那样，眼睛还没有睁开，耳朵也听不见声音，浑身一点儿毛都没有。

潮湿的小屋

雪还在继续融化。住在森林中，以地洞为家的动物们，这日子可就难过啦！比如鼹鼠、鼩鼱（qú jīng）、野鼠、田鼠以及狐狸等住在地洞里的野兽们，被洞里的潮湿弄得苦不堪言。再过不久所有的雪都会化成水。那个时候它们又该怎么办？

奇怪的小茸毛

沼泽地上覆盖的雪已经融化完了，这使得草丛与草丛之间除了水还是水。草丛的下面，是一些光滑的绿茎，茎上摇曳着白色的小穗儿。难不成这些是去年秋天没有被风吹到而来不及飞走的种子？难道说它们就这样在大雪底下熬过一个冬天？似乎不是这样的，因为它们实在是太干净、太新鲜了，让人怎样都无法相信这些是去年遗留下来的。

不过你只需要把这种小穗儿摘下来，将外面覆盖的茸毛拨开来，你顿时就会恍然大悟了。因为在犹如丝一样的白色茸毛中，居然有着金黄的雄蕊以及如细线一般的柱头。原来这是一种花呀！

这种叫做羊胡子草的植物就是这样开花的，当时的夜间还是挺冷的，所以花上的那些茸毛起到了保暖的作用。

尼娜·巴甫洛娃

四季常青的森林

四季常青的植物不一定只生长在热带或者是地中海沿岸附近。其实在我国北方的一些森林中也生长着许多常绿小灌木。在新年的第一个月里，经常去这些有着常绿植物的森林里散步，会让你感到非常愉快。因为在这里你看不到那些会让你心情压抑的枯枝烂叶。

　　站在很远的地方就能看到那毛茸茸的灰绿色的小松树。来到这些小松树的面前，在小松树林里待上一会儿，是一件多么惬意的事啊！眼前的一切是那么生气勃勃：柔软如绿色地毯的青苔；有着亮闪闪的叶子的越橘；还有优雅可爱的石南，它们的细枝上长满了细细小小的叶子，就好像一片片绿色的瓦片，枝丫上还残留着一些去年开放的、没有凋谢的淡紫色小花。

　　还有一种常绿灌木常常生长在沼泽地的边缘，它就是蜂斗叶。它有着深绿色的叶子，叶子的边缘向上卷起，背面就好像刷了一层白粉。不过，不管是谁站在这种小灌木面前，他都不会总是盯着叶子，因为他的注意力已经被另一种更有趣的东西吸引了，那就是鲜花！你会在灌木丛的周围看到漂亮的粉红色钟状花，这种花和越橘花长得很像。在这种早春时节，能在森林里找到花，真是一个意外的惊喜！如果你采一束这种花带回家，不管是谁应该都没办法相信这是从野外摘来的，他们一定会说这是从温室里采来的。

　　人们会这么说主要是因为没有多少人会在早春时节跑到常绿树林里去散步！

尼娜·巴甫洛娃

鹞鹰与秃鼻乌鸦

"噼——！呱——呱——呱！"突然有什么东西从我头上掠过。我回头一看，只见有五只秃鼻乌鸦正跟在一只鹞鹰后面追赶着它。鹞鹰为了不被追到一直在东躲西闪，可是这是徒劳的，秃鼻乌鸦最终还是赶上了它，它们用嘴去啄它的头。鹞鹰因为疼痛而发出了尖厉的叫声。后来，它费了九牛二虎之力终于冲出包围圈，脱身飞走了。

我爬上一座高山，在这里我能看得很远。我注意到有一只鹞鹰在一棵树上休息。这时，不知道从哪里突然飞出一大群秃鼻乌鸦，这群乌鸦叫嚣着向那只鹞鹰扑去。这下子鹞鹰被惹恼了，它发出了尖厉的叫声，开始向其中一只乌鸦进行反扑。那只秃鼻乌鸦一下子开始害怕了，连忙躲到了一旁。鹞鹰便趁机以极快的速度冲上高空，无人可挡。秃鼻乌鸦们一看没有了俘虏，也就都失望地飞散到了田野各处。

《森林报》通讯员　康·梅什连伊夫

城市新闻

屋顶上举行的音乐会

　　每天晚上，屋顶上都会有猫儿们的音乐会。它们非常喜欢这样的音乐会。只不过，音乐会每次都是以歌手之间的群殴宣告闭幕收场。

阁楼上

有一位《森林报》的记者，这几天以来一直在观察市中心地区的住宅，因为他想要了解居住在阁楼中的动物们的起居生活。

在阁楼栖息着的鸟儿对它们的住宅感到非常满意。如果感觉到冷，就靠壁炉上面的烟囱近些，享受这种不要钱的暖气设备。母鸽子已经开始准备孵蛋了；麻雀和寒鸦则到处寻找能够用来做窝的稻草以及做软垫子时会用到的绒毛和羽毛。

鸟儿们最讨厌猫儿和男孩子，因为它们的窝常常被他们破坏。

麻雀惊叫

惊鸟家门口，叫嚷声、厮打声乱成一团。鸟毛和稻草随风飘扬。

原来是主人——惊鸟——回来了！它们发现自己的家居然被麻雀占据了，于是便揪住麻雀，一个接一个地往外轰；再把麻雀的羽毛垫子扔出去——将麻雀彻底扫地出门！

有一位水泥工人正站在脚手架上糊屋顶下的裂缝。麻雀在屋檐上蹦跶着，冷不丁地瞅瞅屋檐下，忽然大叫一声，直接向水泥工人的脸扑了过去。水泥工人用小铲子不住地撵它们。他怎么也想不到，原来是因为他把裂缝里的麻雀窝封上了。而窝里有麻雀下的蛋。

一片叫嚷声，一片厮打声。鸟毛随风飞扬着。

《森林报》通讯员　尼·斯拉底科夫

还没睡醒的苍蝇

一些身上蓝中透绿、闪着金光的大苍蝇出现在街头。它们虽然长着大个子，却和入眠的球虫一样，一副没睡醒的表情。它们还没有学会飞，只能用它们的细腿勉勉强强、哆哆嗦嗦地在屋子墙壁上爬。

这些苍蝇整个白天都在晒太阳；到了夜里，就又爬回墙壁或篱笆间的空隙和裂缝里了。

苍蝇啊，当心流浪的杀手！

列宁格勒的街头出现了一种流浪的杀手——苍蝇虎。有一条谚语说，腿快的狼容易把人伤。苍蝇虎也是同理。它们并不学普通的蜘蛛去结网捕食，而是在地面上埋伏着，遇到苍蝇或者别的昆虫，就纵身一跳扑到它们身上。

石蚕

一些呆头呆脑的灰色小幼虫从河面冰缝中钻了出来。它们爬上岸后，身上的皮就蜕掉了，长成有翅膀的虫儿，它们的身子又纤细又匀称。它们既非苍蝇，也非蝴蝶，而是石蚕。

这时它们虽然拥有长长的翅膀，但身子还是轻飘飘的，依旧不会飞翔，因为它们还很稚弱，还得晒晒太阳慢慢生长呢。

它们穿越马路，可能被过路的人踩，可能被马蹄踏，可能被车轮碾压，也可能被麻雀像捣米似的啄食，一批又一批的石蚕死掉了，可是那些幸存者还在往前爬着，往前爬着——它们多的是呢，有成千上万。那些爬过马路的石蚕，就爬到房屋的墙壁上去晒太阳了。

利斯诺耶观察站

从 19 世纪 60 年代开始，著名的自然科学家凯戈罗多夫教授第一个在利斯诺耶开展物候学①观察以来，这种观察一直持续到现在。

现在全苏地理协会下，设有一个以凯戈罗多夫命名的专门委员会，正在主持着物候学观察这项工作。

全苏联的物候学爱好者，都将自己的观察报道寄到这个委员会去。现在根据累积多年的观察记录，如：鸟类的迁徙，植物的生长和凋谢，昆虫的出没等，可以编制一部《自然通历》了。它能用来预报天气和规划各种农事活动的日期。

现在，成立于利斯诺耶的这家中央物候学观察站已经有 50 多年的历史了。像这样的观察站，全世界只有 3 个。

① 也叫"生物气候学"，是一门研究生命活动现象与季节变化关系的科学。

给椋鸟搭个小屋吧

谁要是想让椋鸟住在他的园子里，那就得赶快给椋鸟搭个小屋！小屋要干净，门要留得小点，让椋鸟能钻进去，而猫儿钻不进去。

为防止猫儿用爪子掏到椋鸟，还得在门里面钉上一块三角形的木板。

舞蚊

在晴朗温暖的日子里，一些小蚊虫开始在空中飞舞了。你不用害怕：这种小蚊子不叮人，这是舞蚊。

舞蚊密密地集成一群，像在空中旋舞着的一根圆柱子。看那种舞蚊很多的天空上布满了黑点，就像人的脸上长了雀斑。

最早出现的蝴蝶

蝴蝶飞出来透风了，换换气，在阳光下晒晒翅膀。

最早出现的，是在阁楼上躲了一冬的黑褐色、带红斑点的荨麻蛱（jiá）蝶，还有淡黄色的柠檬蝶。

园子里

有着淡紫色胸脯和浅蓝色脑袋瓜儿的雌燕雀在公园和果园里嘹亮地歌唱着。它们凑在一起等待着各自的爱人——那些雄燕雀总是姗姗来迟。

全新的森林

全苏联的造林大会召开了。那些林务员们、森林学家们、农学家们齐聚一堂。列宁格勒人也去参加了。

为了在祖国的草原地区实施造林工程，科学家们一百多年来不断地进行科学勘察，并在实地栽种树木，他们选定了300种乔木和灌木品种，用它们在草原地区造林，这些品种都是最能适应草原生存条件的。比如，科学家们发现，把栎树跟锦鸡儿、忍冬以及其他灌木混杂着种在一起，对顿尼茨草原最适宜。

苏联的工厂制造出了一种全新的机器，若是使用它，很短的一段时间内我们就能栽上很大一片树苗。现在苏联已经有好几十万公顷的造林面积了。

在最近几年内，我们全国还准备将造林面积扩大到几百万公顷。有了它们，我国的田地就能有个较大的收成。

列宁格勒　塔斯社

春天的花

在公园、花园和庭院里到处盛开着款冬花。

街上有人在卖成束的鲜花，那是他们从森林里摘下来的最早的春花。

卖花人将这花儿叫做"雪下紫罗兰"，但这花儿的颜色和香气都不怎么像紫罗兰。其实它们真正的名字叫蓝花积雪草。

树木也醒过来了——已经能听到白桦树的树液在树干里流动的声音了。

有什么生物漂来了

春天来了，一道道小溪在利斯诺耶公园的峡谷里缓缓地流淌着。在一道小溪上，我们《森林报》的几位通讯员，正在用石块和泥土筑一道拦水坝，大家守在那里，等着看有什么生物会漂到水塘来。

过了好久也没有什么东西漂来，只有一些木片和小树枝漂到水塘里打转转。

终于有一只老鼠在溪底被冲了过来。它不是那种普通的长尾巴、灰毛的家鼠；它是棕黄色的，尾巴还很短——原来是一只田鼠。

这只死田鼠可能已经在雪下躺了整整一个冬天了。现在雪融化了，溪水就把它从什么地方冲到水塘里了。

后来，一只黑甲虫流进了水塘。它在水中拼命地挣扎着，打着旋，却怎么也爬不出来。开始大家以为它是水栖的甲虫呢，捞起来一看，才发现原来是个地道的最不喜欢水的陆生虫——屎壳郎。看来它也在冬眠之后苏醒了。当然了，它不是自愿投进水里的。

一会儿工夫，有个长长的后腿一蹬一蹬的家伙，自动游到水塘里了。你猜它是谁？是只青蛙！积雪遍地，但青蛙一见到水马上就赶过来了。它爬上了岸,连蹦带跳地钻进灌木丛里去了。

最后,有一只小兽游了过来。毛是褐色的,长得很像一只家鼠,不过比家鼠的尾巴短得多,原来这是只水老鼠。

显然它已经把储存的冬粮吃光了,看到春天到了,所以出来觅食了。

款冬

一簇簇款冬的细茎已经在小丘上冒出来了。每一簇茎都是一个小家庭。那些细细、高高地仰着脑袋瓜儿的茎是家中的老大;那些粗粗、短短地看着有些笨拙的茎,年纪还小,它们紧紧地倚着高茎。

还有一种茎的表情特别滑稽,它们垂着头,弯着腰杆在那儿——好像是因为刚刚来到世间,还感到羞答答的呢。

每个小家庭的成员,都是从地下的一段母根茎中生长出来的。从去年秋天开始,这段母根茎就为地上的孩子们备足了养料。现在这些养料渐渐地被消耗着,不过足够整个开花期用了。不久后,每一个小脑袋都会长成一朵辐射状的小黄花,准确地说——不是花，而是花序，是一束紧紧挤在一起的小花。

当这些花儿开始凋谢的时候，根茎里就会生出叶子来。这些叶子会制造出新的养料来储备。

尼娜·巴甫洛娃

空中传来的喇叭声

列宁格勒的居民惊奇地听到从空中传来的喇叭声。晨光熹微，城市还在沉睡，街上静悄悄的，所以这种声音听起来格外响亮。

眼神好的人仔细看就能发现有一大群大白鸟，它们的脖子又直又长，在云朵下面翩翩地飞。它们是一群列队飞行、喜欢鸣叫的野天鹅。

它们年年春天都会在我们这座城市的上空飞过，它们响亮的声音就像在我们耳边吹喇叭："克阿噜——噜呜！克阿噜——噜呜！"可是在热闹拥挤的街头，人声鼎沸，还有汽车鸣叫，我们就很难听到鸟儿的声音了。

此时它们正在飞往科拉半岛阿尔汉格尔斯克地区，或者去梅津河、伯朝拉河两岸做窠。

庆祝爱鸟节的入场券

我们怀着急切的心情在等着那些有羽毛的朋友们光临。学校让我们每人做一个椋鸟小窝。

于是我们都在动手忙这件事。我们学校里面有一个木工场。那些还不会做椋鸟小窝的孩子，可以去那里学习。

我们要在学校的果园里挂上许多鸟窝。希望鸟儿们能住在这里，保护苹果树、梨树和樱桃树，让那些害虫不敢再来。等到欢度爱鸟节①的那一天，每个学生就把自己做的椋鸟小窝带到庆祝会上。我们已经商量好了：椋鸟小窝就是每个人参加庆祝会的入场券。

《森林报》通讯员　伏罗加·诺威

任尼亚·科里吉克

---

① 前苏联的学校，每年春天都要举行一次爱鸟节，爱鸟节这一天每个学生都要带了鸟来放生，并且要为鸟儿做很多有益的事。

集体农庄新闻

抢救挨饿的麦苗

雪都化了，田里长出了绿绿的小苗，可是这些小苗又细又弱。大地还没有完全解冻，小苗的根不能从大地母亲那里汲取足够的营养，所以这些可怜的小苗只能挨饿了！

可是小苗是我们的宝贝啊——它们是冬麦苗。因此人们就给它们准备好了营养：草木灰啊，鸟粪啊，厩粪汁啊，食盐啊。

这些食粮都是由空中食堂配送的。

飞机飞到田地的上空，将这些东西撒下，这样每一颗挨饿的麦苗都能吃得饱饱的了。

土豆搬家

土豆的种子终于搬出冷库了。

人们把它们种在温暖的土壤里面，它们兴高采烈地生长着。

逃亡的春水被截留

积雪化成的水由着自己的性子，竟然想从田里逃窜到凹地里。

农场里的人们及时把逃亡的春水截留下来了——在有积雪的斜坡上拦腰结结实实地筑起了一道横墙。

留在田里的水，开始慢慢渗到土里。

田里的小苗已经感觉得到它们的小根得到水的滋润，它们好高兴。

新生了100个小娃娃

昨天夜里，在猪舍里值班的饲养员们为母猪接生，新生了100只小猪。这100个小猪娃，个个肥头大耳、结结实实的，一出生就哼哼直叫。9位幸福的年轻猪妈妈，急切地等待着饲养员把那些翘鼻头、小尾巴、红扑扑的小猪娃送过去吃奶。

绿色新闻

能在菜铺里买新鲜黄瓜了。黄瓜花的授粉工作没有靠蜜蜂帮忙。黄瓜生长的土地，也没有靠阳光的滋润。

尽管如此，这些黄瓜依然是名副其实的黄

瓜——肥肥大大，结结实实，多汁又长满了小刺。别看它们是在温室长大的，也有着真正的黄瓜清香呢！

尼娜·巴甫洛娃

猎事记

国家规定春天打猎的时期非常短。如果开春早的话，就可以早点去打猎。如果开春晚的话，那么也只好推迟狩猎期了。

春天只能打飞禽，比如野鸡、野鸭什么的，只准打雄的，而且不许带猎犬。

搬家的鸟儿

猎人白天从城中出发，天黑之前就进入森林了。

这个黄昏灰沉沉的，没有一丝风，下着毛毛细雨，天气非常暖和，正是鸟儿搬家的好天气。

猎人在森林边选好了一块地方，然后站在一棵小云杉旁。周围的树木不高——全是低矮的赤杨、白桦和云杉。

离太阳落山还有十几分钟。现在还能抽一支烟，再过一会儿可就没工夫了。

猎人站在那儿听森林里各种鸟儿的歌声：鸫（dōng）鸟于枞树的尖树顶上高声鸣叫；而红胸脯的欧鸲（qú）在丛林里哼着小调。

太阳下山了。鸟儿们陆陆续续地不再唱了。最后，连最会唱歌的鸫鸟和欧鸲也不唱了。

注意，竖起耳朵来听好了！森林的上空突然传出一阵轻响：

"唧唧，唧唧，嚯嚯——嚯——嚯！"

猎人打了个冷战，把猎枪搭在肩上，屏住呼吸倾听。是哪儿传出来的声音呢？

"唧唧，唧唧，嚯嚯——嚯——嚯！""嚯嚯！"

还是两只呢！

有两只正飞过森林上空的勾嘴鹬（yù），它们急忙扑扇着翅膀向前飞着。

一只追着一只飞，但样子并不像是打架。看来，前面一只是雌鸟，后面那只追逐它的是雄鸟。

"砰……"

跟在后面的那只勾嘴鹬，在空中打着旋，慢慢掉进了灌木丛。

猎人飞快地跑过去，如果那只受伤的鸟儿逃走，或者躲在灌木丛里，那就很难再找到它了。

勾嘴鹬羽毛的颜色跟枯叶很像。仔细一瞧！它就挂在灌木丛上。

另外一只勾嘴鹬不知道在什么地方"唧唧""嚯嚯"地叫起来了。

可是太远了——猎枪是打不着的。猎人再次倚着一棵小云杉，聚精会神地听着动静。林子里静悄悄的，忽然又传来了这种叫声：

"唧唧！""嚯嚯！嚯嚯嚯！"

叫声在那边，在那边——可是太远了……把它引过来吗？也许可以引得过来。

猎人把自己的帽子抛向空中。

雄勾嘴鹬此时正在昏暗中仔细寻找雌勾嘴鹬的身影。它马上看见了一件一起一落的黑糊糊的东西。

是雌勾嘴鹬吗？雄勾嘴鹬转过头来，急急忙忙地向猎人这边飞过来了。

"砰！"这回它一个跟头栽了下来，倒地而死，一枪被击毙。

天越来越黑了。"唧唧，唧唧！嚯嚯，嚯嚯"的叫声四起，一会儿在这边，一会儿在那边——不知道飞向哪边才好。

猎人兴奋得双手颤抖。

"砰！砰！"没打中。

"砰！砰！"又没打中。

还是休息一会儿，暂且放过这一两只勾嘴鹬吧！是时候该定定神了。

好了，手不抖了。

现在能开枪了。

在幽暗的森林深处，一只猫头鹰发出喑哑的声音怪叫了一声。一只还在睡梦中的鸫鸟被吓醒，害怕地尖叫起来。

天黑了，就要不能打枪了。

终于又响起了一只雄勾嘴鹬的叫声：

"唧唧，唧唧！"

从另外一边也传来了"唧唧，唧唧"的叫声。

两只雄勾嘴鹬情敌就在猎人的头顶上相遇了，它们一碰上就打起架来。

"砰！砰！"两声枪响后，两只勾嘴鹬都落地了。一只像土块似的掉在地上；另一只打着旋——正好落在猎人脚旁。

现在该转移地点啦！

趁着还看得见林间的小路，应该走向鸟儿交配的地方。

松鸡交配的地方

深夜里，猎人会坐在森林里吃点干粮，喝点水——这时是不能生火的，否则会吓走猎物的。

等不了多久，天就快亮了。松鸡总是在天亮以前就进行交配。

一只猫头鹰闷闷地怪叫了两声，将黑夜的寂静打破了。

这个大坏蛋！会把正在交配的松鸡吓跑的！

东方的天空变成了鱼肚白色。听，一只松鸡低低地唱了起来，叫声隐隐约约的。它"咔嗒，咔嗒"，"咔嗒，咔嗒"地叫着。

猎人跳起来，专注地听着。

听，又有一只松鸡叫了起来——就在不远处，离猎人不过150步左右的距离。随即又有松鸡的叫声传过来。

猎人轻手轻脚地向那儿走去。他手中端着枪，手指头扣在扳机上，眼睛盯住暗影中的粗大云杉。

只听到"咔嗒，咔嗒"的叫声停下了；有一只松鸡尖声尖气地发出声音。

猎人使劲向前蹿了几步，随即就站定不动了。

松鸡的叫声停止了。四周都静悄悄的。

此时松鸡防备了起来——它竖起耳朵听呢！这个机灵的家伙，只要树枝微微发出一点声响，它就拍着翅膀飞走，逃得不见踪影！

它没有感觉到什么异常，于是又"咔嗒，咔嗒！咔嗒，咔嗒"地叫了几声——好像两根木棒子轻轻相撞时发出的声音。

猎人仍然站在原地不动。

松鸡又委婉地啼叫起来了。

猎人向前跳了一下。

松鸡发出一阵嘶叫，不敢再唱歌了。

猎人还有一只脚没有落地，就僵在那里不敢动了。松鸡又不叫了——直愣愣地在听着动静。

后来，它又叫了起来："咔嗒，咔嗒！咔嗒，咔嗒……"

这样重复了一遍又一遍。

现在松鸡就在猎人的眼前了——松鸡就落在猎人前面这几棵云杉上，离地面不高，就在树的半腰！

这家伙是热情昏了头了，高声唱着，现在你就是对着它嚷，它也听不见了！不过，它的位置的确很难判断，在那漆黑的针叶丛里，真是看不清楚啊！

哦！原来它在那儿！就在那个茂密的云杉枝上——离猎人不过只有30几步远。瞧，那是——它长长的黑黑的脖子，它长着山羊胡子的脑袋瓜儿……

它不叫了，现在可不能轻举妄动……

"咔嗒，咔嗒！咔嗒，咔嗒！"……跟着，它又叫了。

猎人把枪举起来，瞄准夜色中那个黑影——一个长着山羊胡子、尾巴像展开的大扇子一样的猎物，挑中它的要害打下去。若是打在绷得紧紧的松鸡的翅膀上子弹就会滑掉，这只结实的鸟没有那么容易被打伤。要打死它还是得打它的脖子。

"砰！"

眼前一片乌蒙蒙的烟，什么都看不见了，只能听到松鸡沉重的身子从树上掉了来，压断了许多树枝。

"嘭！"——它摔在了雪地上。

好大一只雄松鸡！乌黑的身躯至少有 5 千克重！它眉毛像被血染过一样，通红通红的……

森林剧场

琴鸡交尾演出

森林里的一片很大的空地上有一个露天剧场。太阳还没出来，可是四周的一切都能看清楚，因为那时恰逢列宁格勒的白夜①。

聚过来一起看表演的观众，是那些身上带着麻斑的雌琴鸡，有的蹲在地上吃东西；有的矜持地坐在树上。

它们正静静地等着好戏开场。

看啊！看啊！有一只雄琴鸡飞到舞台上来了。这个浑身乌黑，翅膀上生着几道白条纹的家伙，可是这个交尾场上的主角。

它用那两只黑纽扣般的大眼睛，敏锐地看着交尾场——发现与它配戏的演员还没到场，现场只有那些在等着看热闹的雌琴鸡。

还有那边怎么长出了一堆矮树丛啊？好像昨天还没有呢！真是荒唐啊——怎么一天一夜的时间里会冒出那么多一米高的云杉呢？一定是以前没记清……老糊涂了。

请开始表演吧！

这个主角又扫了观众一眼，随后将脖子弯到地，将华丽的

---

① 列宁格勒离北极不远，列宁格勒的春季天黑得较晚，即便是到了夜里，四周依然有光，所以称之为"白夜"。

大尾巴翘起来，将翅膀斜着耷拉在地上。

接着它叽里咕噜的念叨着什么。台词仿佛是："我要卖掉这件皮袄，然后买一件大褂，买一件大褂！"

"嘟！"舞台上又飞来一只雄琴鸡。

"嘟！嘟！"——一只又一只飞过来了，它们啪啪的弄得舞台直响。

嚇！瞧我们的主角都气疯了！它羽毛全都竖起来了。脑袋瓜儿也贴着地，尾巴大张着像一把扇子，口中发出一阵阵的怒号："呀唬，嘿！呀唬，嘿！"

这是它在对别的鸟儿宣战，台词的意思是："谁要不是舍不得掉羽毛的胆小鬼，那就过来较量一下吧！"

在舞台的另一边，有一只雄琴鸡出来应战了："呀唬，嘿！呀唬，嘿！你要觉得自己不是胆小鬼，就过来比比啊！"

"呀唬，嘿！呀唬，嘿！"——嚇，这一下子有二三十只雄琴鸡出来应战，黑压压的一片，简直数不过来！只只都准备好打架了，随便你挑。

那些看好戏的雌琴鸡静静地蹲在树上，一副不动声色的神态，好像对眼前的战争漠不关心似的。其实这群心眼多的美女是在耍花样啊！这出戏明明就是演给它们看的。这些抖开大大的黑尾巴、激动得眉毛都烧得火红的斗士，正是为了它们才奔向这里的！

这里的每一个斗士，都想在漂亮的雌琴鸡面前表现表现自己的勇敢和力量。傻里傻气、胆怯怕事的可怜虫们趁早滚开！只有灵活机智的勇士，才配得上美女。

看吧，好戏上演啦……雄琴鸡愤怒地挑战声响彻全场；它们低下头去，屈着身子发力，向前冲了过来……

两只雄琴鸡对掐了起来，各自朝着对方的脸上啄过去。

"啾叽，啾叽！"它们愤怒地呜咽着。

天色越来越亮了。笼罩在舞台上空的那层白夜的透明暮色已经褪去了。

云杉丛中（交尾舞台上的这一大堆云杉是何方生出来的啊？）有一件像金属一样的东西在闪闪发亮。

不过那个时候，雄琴鸡们可没有看树丛的闲暇时间。它们都在忙着应付对手。

交尾场的主角离树丛是最近的。这是在跟第三个对手较量了。前面的两个早被它打得不见踪影了。它真是当之无愧的主角——整个林子里数它最厉害了。不过第三个对手也很勇敢，身手矫捷，它跳过去，给了主角狠狠一击。

"啾叽，叽！"主角嘶哑着恶狠狠地喊。

躲在树枝上静观的美女们此时都伸长了脖子，好戏终于开始了呢！真正的战斗就应该是这样！这第三只是不会被吓跑的，无论怎样都不会。两个敌人都跳了起来，扑扇着结实的翅膀，在半空中厮打着。

啄了一下，又啄了一下——也弄不清是谁在啄谁了。两个敌人都摔在地上，分头跳向两边了。年轻的那只，翅膀上有两根硬翎断了，身上那些蓝色的羽毛凌乱地竖在身上；年老的那只，红眉毛下竟然淌着血——它的一只眼睛被啄瞎了。

那些美女们坐立不安了。到底谁赢了？莫非是年轻的打败了年老的？看那年轻小伙子多帅啊：密密的羽毛闪着蓝色的光芒，尾巴上布满花斑，翅膀上长着色彩夺目的花纹！

看啊看啊，两个敌人又跳了起来厮打。年老的压住了年轻的！

又双双跌倒，向两边跳开了。

又厮打在一起。年轻的占上风！

现在终于到最后一场搏斗了。看吧看吧……

摔在一起了，可又跳开了！

又跳起来，扭成一团啦。

"砰！"一声枪响传出，雷鸣似的响彻整个森林，小云杉丛里升起了一团青烟。

交尾场上的时间仿佛静止了。树上的雌琴鸡们呆呆地伸长了脖子。雄琴鸡们惶恐地扬起了红眉毛。

发生什么事儿了？

没什么事儿啊，眼下还是太平景象。

没有生人闯进来。

一片寂静。云杉丛中的烟消散了。

一只雄琴鸡回过头来，一眼瞧见它的敌手就站在面前。它纵身一跳，照准那敌手的脑袋啄去。

表演接着进行。一对对雄琴鸡又打了起来。

可是树上的美女们看见了：刚刚搏斗的那一老一少，双双倒在地上死了。

难道它俩互相把对方打死了吗？

表演在继续进行着。应该把目光转向舞台上才对。现在哪一对的搏斗最精彩？今天哪一位黑斗士能成为最后的胜者？

当太阳照在森林上空时，表演结束了，鸟儿们也全都飞走了；一位猎人从云杉枝搭建的小棚子里走了出来。他先是拾起了舞台主角和它的年轻情敌。这两只鸟儿全身是血——它们从头到脚都中了子弹。

猎人把它们塞到怀里，接着捡起被他打死的另外 3 只雄琴鸡，扛起枪，走上回家的路。

猎人在穿过森林时，不时地竖起耳朵，东张西望，生怕碰见什么人……原来他今天做了两件亏心事：一是他在禁猎期射死了在交尾场上的雄琴鸡；二是他打死了资深的老主角。

明天,露天剧场上的戏不能继续了,因为没有主角来带头演了!

交尾场的表演不见了。

《森林报》特约通讯员

呼叫东南西北

注意！注意！

我们是《森林报》编辑部。

今天是 3 月 21 日，春分。我们今天举行一次全国无线电通报行动。

请注意！请东南西北各地都来参加。

请注意！请苔原、原始森林、草原、山岳、海洋、沙漠都来参加。

请报告你们那里的近况。

回应！回应！

来自北极的回应

今天，我们这儿洋溢着节日的喜庆——一个非常漫长的冬天终于过去了，太阳头一次露出了笑颜！

第一天，海面上只露出了太阳的头顶。几分钟后太阳就缩回去了。

两天以后，太阳露出了半张脸儿。

又过了两天，太阳才从海洋里钻出来。

现在我们总算可以享有一个短短的白天了。尽管一个小时后天就会变黑，可是这又算什么呢——反正越来越多的白昼正向我们走来：明天，白昼会再长些；后天，白昼更长些。

厚厚的冰雪还覆盖着我们的海洋和陆地。白熊在它们的冰穴里睡得正开心。到处都找不到绿芽，不见飞鸟的踪影，只有严寒的风雪天气。

来自中亚细亚的回应

　　我们已经把马铃薯种上了，现在开始种棉花。这儿的太阳火辣辣的，街道的路面上被烤出一层浮尘。桃树、梨树、苹果树正忙着开花。扁桃、杏树、白头翁还有风信子的花都凋谢了。我们也开始营造防护林带了。

　　飞到我们这儿过冬的乌鸦、秃鼻乌鸦和云雀都飞回北方了。而在我们这儿消夏的家燕、白肚皮的雨燕等都飞来了。红色的野鸭在树洞、土洞里孵出了小野鸭。这些小家伙们已跳出洞，在水里游泳了。

来自远东的回应

我们这儿的狗已从冬眠中醒过来了。

是的，是的，你并没有听错——我说的确实是狗，不是熊、土拨鼠，也不是獾。

你以为狗都不会冬眠吧？可是我们这儿的狗就冬眠呢。

我们这儿有一种个子比狐狸还小的野狗，短短的腿，一身又密又长的棕色的毛甚至把耳朵都遮住了。冬天来临时，它就像獾一样钻到洞里睡大觉了。现在它苏醒后就开始抓老鼠和鱼吃。

它的名字是浣熊狗，因为它长得特别像北美洲的一种小型熊——浣熊①。

南部沿海的人们已经开始捕捉比目鱼——一种扁扁的鱼。而乌苏里边区的原始丛林里，已经有小老虎出世了，此时它们已经能睁眼了。

我们每天守在这里等着回游鱼类的到来，它们每年都从远方的海洋游到我们这儿来产卵。

---

① 浣熊产自北美洲，因为它吃东西前，总要把食物放到水里浣洗，所以叫做浣熊。

来自乌克兰西部的回应

此时我们正在播种小麦。

飞去南非洲过冬的白鹳（guàn）回来了。我们欢迎它们住在我们的房顶上，所以就搬来了一些重的旧车轮搁到房顶上供它们筑窠。

这不现在白鹳正把衔来的粗细不等的树枝放到车轮上，开始搭建窠了。

因为金黄色的蜂虎鸟飞来了，所以我们的养蜂人慌张了。这种小鸟儿仪态文雅，羽毛很漂亮，可是它们偏偏喜欢吃蜜蜂。

来自亚马尔半岛苔原的回应

我们这儿还是严寒的冬天呢，春天的气息一点儿都没有。

驯鹿们正在用蹄子扒开积雪，捣碎冰块，觅食青苔。

乌鸦就要飞回来了！每年的 4 月 7 日，我们都要庆祝"乌思嘉——亚烈"节，即"乌鸦节"。乌鸦飞来的那天被我们视为春天的开始，就跟你们把秃嘴乌鸦飞回来的那天当成春天的开始一样。我们这儿可没有秃嘴乌鸦啊。

来自诺沃西比尔斯克原始森林的回应

我们这儿的情况跟你们那里差不多啊，都是原始林带，有成片针叶林以及混成林。这样的原始林带横亘我们的国土。

白嘴鸦只有在夏天才会出现在我们这儿。我们的春天是从寒鸦飞回来的那天开始的——寒鸦一到冬天就飞走了，但是它们每年春天都会最先飞回来。

春天一到，我们这儿的天气马上就暖和了，春天这么短，来去匆匆啊。

来自外贝加尔草原的回应

粗脖子的羚羊离开我们去南方了——它们向南方的蒙古走去了。

积雪初融的那几天，对它们来说是灾祸降临的日子。白天融化的雪水在冷冷的夜里又冻成了冰。这时平坦的草原就变成了溜冰场。此时它们光滑的蹄子在冰上滑啊滑，四只蹄子滑向四个方向。

而羚羊是完全靠那四条追风腿活命的啊！

在这个春寒时节，不知道有多少可怜的羚羊会被狼还有其他猛兽吃掉！

来自高加索山区的回应

在我们这儿，春天是从低处走到高处的，一步一步地赶走冬天。

山顶上大雪纷飞，山下的谷地却飘着细雨；小溪向前奔流着，春潮第一次在涌动着。河水猛涨而漫上了河岸。湍急的浑浊河水一泻千里，夹杂着一路冲刷下来的东西奔向大海。

山下的谷地里鲜花盛开，树叶舒展。在阳光明媚的暖暖的南山坡，一片片绿茵一天天向山顶蔓延着。

鸟儿、啮齿类动物和食草类动物，都跟着绿草向山顶上移去、爬去。牡鹿啊，牝鹿啊，兔子啊，野绵羊啊，野山羊什么的，也跑向了山顶。而狼啊，狐狸啊，森林野猫啊，甚至人都防着的雪豹什么的，也跟着它们往山上去了。

寒冬躲到了山顶。春天跟在冬天的屁股后面穷追不舍，一切生物也紧随着春天的脚步上山了。

来自北冰洋的回应

冰块和冰山在洋面上向我们这儿漂过来。有一些两肋呈黑色的浅灰色海兽躺在冰面上。它们是格陵兰海豹，它们将在这寒冷的冰上生下毛茸茸、白亮亮，有黑鼻头和黑眼睛的小海豹。

刚生下来的小海豹要在冰上躺好多日子，因为它们还不会游泳啊！

黑脸、黑腰的老雄海豹此时也爬上冰了。它们褪下自己那又短又硬的淡黄色的毛。在换完毛以前，它们也得在冰上漂流一段时间。

看啊，侦察人员们乘飞机在海洋上空盘旋着——他们需要查清冰原的哪些地方还有携带着小海豹的雌海豹；哪些地方躺着换毛的雄海豹。

侦察完情况以后，他们就飞回去报告船长，说哪儿是海豹的聚集地——那些海豹躺在一起，把它们身下的冰面遮得严严实实的。

不久后，一艘载了许多猎手的特备轮船，穿过一片片冰原向那里驶去——他们要去猎取那些海豹。

来自黑海的回应

我们本地没有海豹，很少有人能见到这种海兽。它会从水中露出一段长达3米的乌黑脊背，然后又不见踪影了。有一只从地中海来的海豹，它经过博斯普鲁斯海峡，一个很偶然的机会，它就游到我们这儿了。

不过，有其他种类的野兽活跃在我们这儿——比如活泼的海豚。现在的巴统城附近一带，人们正在紧张地猎取海豚。

猎手们乘着小汽艇到海上巡游，仔细观察陆续从四处飞来的海鸥又飞向哪里。它们在哪里群聚，一准是因为有一些小鱼游荡在哪里，而海豚也一准会去那里。

　　海豚非常喜欢玩耍：它们在水上翻滚着嬉戏，就像马儿在草地上打滚似的，有时它们还会一只接一只的从水里跳出来，在半空中快乐地翻跟头。不过，这时可不能到跟前开枪——它们逃得很快。要在它们开怀大吃的地方开枪打它们。在这种时刻，把小艇停在离海豚 10～15 米的地方就行，要手疾眼快，及时开枪，打中后立刻把它拖上船，不然的话，死海豚就会沉入海底。

来自里海的回应

　　里海北部有冰原，所以在冰原上能看到很多海豹的窝。

　　不过，我们这儿的那些雪白小海豹已长大了，连毛都换了：先是变成深灰色，然后又变成棕灰色。海豹妈妈越来越少从圆圆的冰窟窿里钻出来了——它们快要给小海豹们断奶了。

　　海豹妈妈们也在换毛了。它们游到其他冰块上去，和躺在那里的一群群的雄海豹一起换新衣服。它们身下的冰已经融化了。所以只能爬到岸上，躺在沙洲或是浅沙滩上，继续换毛。

我们这儿回游类的鱼有里海鲱鱼、鲟鱼、白鲟鱼等。它们从大海各处聚集在一起，组成一支密密麻麻的大队伍，游向伏尔加河、乌拉尔河河口一带。它们在那里安家，一直等到这几条河流解冻。

到那时，它们就要成群结队地到处奔走了——争先恐后地逆流冲向上游，急忙赶去产卵，那里也曾经是它们出生的地方。那些地方都远在北方，在上面提到的几条河流里，以及那些河流的小支流里。

沿着这些河流及其支流，渔民们布下渔网，等着捕捞这些归心似箭的鱼儿。

来自波罗的海的回应

我们这儿的渔民也做好去捕小鳁（wēn）鱼、小鲱（fēi）鱼和鳘（mǐn）鱼的准备了。守候在芬兰湾和里加湾的人们，一等到冰雪融化，就要开始抓鲑鱼、胡瓜鱼和白鱼了。

我们这儿的海港已经相继解冻，一只只轮船开出海湾，踏上远航的征程。

也有来自世界各国的船向我们这儿驶来。冬天就要走了，波罗的海的良辰吉日要来了。

来自中亚细亚沙漠的回应

我们这儿的春天喜气洋洋的。今年总下雨，此时还不到热的时候。到处长着鲜嫩的小草，偶尔连沙地里也能冒出小草。真不知道为什么今年的草长得这么茂盛。

灌木上长满了绿叶。沉睡了一个冬天的动物从地下钻出来了。屎壳郎、象鼻虫什么的也出来混了；亮亮的吉丁虫挤满了灌木丛；蜥蜴啊，蛇啊，乌龟啊，土拨鼠啊，跳鼠啊，也都爬出了深深的洞穴。

一队队的大黑兀鹰，下山来捉乌龟吃。它们会用自己那又弯又长的嘴，从龟壳里啄出乌龟肉来吃。

春天的客人纷纷飞过来了——小巧的沙漠莺，爱跳舞的鹟（wēng），云雀家族：鞑靼（dá dá）大云雀、亚细亚小云雀、黑云雀、白翅云雀、带冠毛的云雀。它们的歌声飘满了天空。

在温暖明媚的春天，连沙漠也有一番生机勃勃的气象——沙漠里孕育了多少生命呀！

我们和全国各地的无线电通报到此结束了。下一次通报将于 6 月 22 日举行。

广播站

音乐会又失败了

昨天晚上在屋顶举办的猫儿音乐会又以失败告终了！虽然这些猫儿都非常热爱音乐，可是它们总是控制不住自己那暴躁的脾气，以致音乐会总是以群殴的场面来宣告终结。这次也不例外。

来了100个新成员

昨天夜里，猪舍里的9只母猪一共生下了100只猪宝宝。这些红扑扑的小猪崽都长着翘鼻头、小尾巴、一个个都是肥头大耳、结结实实的。它们乱哄哄地挤在一起，哼哼哼地叫个不停，看来是急着去找妈妈吃奶呢！

候鸟归乡月

（春季第二个月）

一年——分为 12 个章节的太阳诗篇

4月是积雪融化的月份！4月里万物还没有完全苏醒，但是4月的风就已经扑面而来了，这就是说天气就要转暖了。你看吧，美好的事情还会接着发生！

春季的第二个月里，小溪水会从山上流淌下来，鱼儿钻出水面。春天扫光了覆盖在大地上的积雪，又再接再厉融化水面上的浮冰。雪水汇成了小溪，小溪又悄悄流入江河，江河水上涨，摆脱了浮冰的羁绊。春水泛滥在山谷间。

被春水和春雨滋润好了的大地，披上绿衣裳，上面还缀着娇美的花儿。森林却还是赤条条地站在那儿，静静地等着春天的恩惠。不过，树液已在暗暗地流动了，树芽都爆了，春花满地，朵朵含笑。

鸟儿回乡潮

如汹涌浪潮般的鸟儿，大批从越冬地飞回故乡。它们飞行时秩序井然，队列整齐，按照次序行进。

今年，鸟儿们还是守着千百年来的老规矩，按照一直以来的路线一如既往地飞行。

最先动身的，是去年最后飞离的那些鸟儿。最后上路的，是去年秋天最先飞离的鸟儿。最晚回来的，是那些有着华丽羽毛的鸟儿：它们非要等到草丰叶茂后才回来，如果回来早了，落在光秃秃的大地和树木上的它们过于显眼。现在我们这儿没有能掩护它们的东西，不容易躲避猛兽和猛禽。

鸟儿迁徙的空中路线，正好穿过我们市和列宁格勒州的上空。这条线路叫做波罗的海线。

这条空中路线一边是阴霾冰冷的北冰洋，一边是晴朗明媚的炎热地区。无数海鸟和在海滨上过冬的鸟，按照自己的行程，一队队在空中飞行，队伍数不胜数。它们沿非洲海岸，穿过地中海，经比里牛斯半岛海岸及比斯开湾海岸，越过一条条海峡、北海和波罗的海。

一路上它们历经诸多磨难。在这群羽族旅行者的面前，有墙壁一样的浓雾，有昏暗的迷阵，它们左冲右撞，有的迷了路，有的被尖削的岩石撞得粉身碎骨。

71

海上突然出现的暴风雨将它们的羽毛和翅膀折断，把它们卷到大海里去。

海上突然出现的寒流将海水冻成冰，有些鸟在饥寒交迫中死在半路，还有成千上万的鸟被雕、鹰和鸥吃掉。这些猛禽成群守在这条路线上，不用费什么力，专门等着这些美味送上门来。

也有成千上万只候鸟，死在猎人的枪下（我们要在这期《森林报》登的是在列宁格勒附近打野鸭的故事）。

然而，什么也阻挡不了羽族大队伍；它们穿过云雾，冲破一切阻力，向它们的故乡飞来，它们要回来啦。

我们这儿的候鸟有些是从印度飞来的；而扁嘴鳍鹬的越冬地更远，竟然是美洲。它们穿过亚洲，急急忙忙从越冬地返回阿尔汉格尔斯克附近的故居，它们大概需要飞1500公里，费时两个月。

戴脚环的鸟

你要是打死了脚上戴着金属环的鸟，那么请你把这环取下来，寄到脚环中心去吧！地址是：莫斯科，K-9，列宁大街6号。并请附一封信，在信中写明这只鸟被打死的时间和地点。

你要是捉到一只脚上戴着金属环的活鸟，那么请你记下脚环上的字母和号码，把鸟放生，然后写一封信，把你发现的字母和号码寄给上述单位。

要是打死或捉到这种鸟的人不是你，而是你认识的猎人或是捕鸟人，那么请你告诉他应该这样处理。

有关单位的工作人员把一种分量很轻的金属环儿（铝环）套在鸟儿的脚上。环上印的字母，表示的是给鸟戴上脚环的国家和研究鸟儿的科学机构。至于那些号码——是科研人员的编号，在他们那里都有存底，是为了注明他给这只鸟戴上脚环的时间、地点。

科研人员们用这种方法来考察鸟类生活的惊人秘密。

这样的话，我们在遥远的苏联北方某地为一只鸟戴上脚环，即便后来它在非洲南部或是印度的什么地方被人抓住了，脚环也能被寄回来。

不过，我们这儿的候鸟，并不全是飞往南方过冬的，也有飞去西方，也有飞去东方的，甚至有的飞往北方！我们就用给候鸟戴脚环的办法，来探寻它们生活中的秘密。

林中大事记

泥泞

现在郊外满地泥泞，雪橇和马车都无法在林间道路和村道上走。我们为了获得森林里的一点消息，可费了大劲了。

从雪底钻出的浆果

林子沼泽地里的蔓越橘从雪底钻出来了。村子里的孩子们纷纷跑去采，他们说，越冬的陈浆果比新结的果子甜多了。

昆虫过节略

柳树开花了。它的花儿就是轻盈的鲜黄色小球，这些花儿布满了它粗糙的灰绿色枝条。所以整棵树显得毛茸茸、轻飘飘的，洋溢着一团喜气。

柳树开花的时候就是昆虫的节日啊！在那穿着漂亮的树丛中，昆虫们像在过一个热闹、快活的枞树节似的。丸花蜂嗡嗡地上下翻飞；苍蝇昏头昏脑地瞎撞着；勤劳的蜜蜂在拨弄着一根根纤细的雄蕊，快乐地采集花粉。

蝴蝶在翩翩起舞。你瞧，这一只翅膀上长着雕花图案的黄蝴蝶，叫柠檬蝶；那一只眼睛很大的棕红色蝴蝶，叫荨麻蛱蝶。

这边还有一只长吻蛱蝶悄悄地落在毛茸茸的柳树花上面了，它那暗黑色的翅膀严严实实地遮住小黄球，此时它正在用吸管深深地伸到雄蕊之间去吸吮花蜜。

在这一簇生机盎然的柳树丛旁，还有一簇柳树，它们也开花了。不过，它们的花儿完全是另一番模样，是些不好看的，蓬松的灰绿色小毛球儿。上面趴着一些昆虫，不过它周围就没有旁边这棵树周围热闹了。然而那
棵树上正在结籽呢！原来

小飞虫们已经把小黄球上的黏花粉搬到灰绿色小毛球身上了。不久后，它小瓶子似的长长雌蕊里，都会结出种子的。

葇荑花序

许多葇荑花序在江河和小溪的两岸以及森林的边缘地带绽放了。这些花序不是从刚刚解冻的土地上钻出来的，而是在被春光晒得暖洋洋的树枝上绽放。

一串串长长的浅咖啡色小穗儿，此时正挂在白杨和榛树上，这些小穗儿就是葇荑花序。

它们还是去年长出来的，不过，过了一个冬天后，它们就变得更加牢固结实。现在它们舒展开了，显得又松又软。

你摇动一下树枝，它们就飘出一缕缕烟尘般的黄色花粉。不过，在白杨和榛树的枝桠上，除了飘出花粉的葇荑花序以外，还有另一种花——白杨的雌花。这些雌花是褐色的小毛球儿；榛子的雌花则是粗实的苞蕾，苞蕾中伸出了些粉红色的细须，看上去好像是躲在苞蕾中的昆虫的触须似的——其实那是雌花的柱头。每朵雌花都有少到两三个，多到甚至五个的柱头。

　　白杨和榛子的叶子现在还没长出来，风自由自在地在光秃秃的树枝间穿过，吹动了葇荑花序，风挟着它的花粉，从一棵树撒到另一棵树上去。像粉红色须子的柱头把花粉接住——这些刺毛似的模样古怪的雌花受精了，到秋天后，它们将成为一颗颗榛子。白杨的雌花也会受精，等到秋天了，它们将成为包着种子的小黑球果。

蝰（kuí）蛇的日光浴

　　有毒的蝰蛇天天早晨都会晒太阳。它会吃力地爬到干枯的树墩子上，因为天气很冷，它身体里的血液还是凉凉的。蝰蛇晒暖和后就变得活泼起来，然后就去捕捉青蛙和老鼠了。

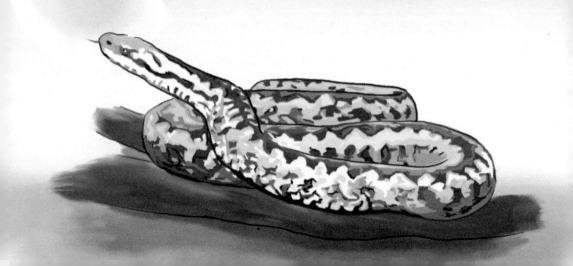

蚂蚁窝有点动静了

我们发现了一个大蚂蚁窝，是在云杉树底下。起初，我们还以为那不过是一堆垃圾和枯针叶呢，怎么也没想到那是蚂蚁窝，因为我们之前没看见一只蚂蚁啊！

现在，蚂蚁窝上的雪化了，蚂蚁们都爬出来晒太阳了。经历了长时间的冬眠后，蚂蚁们的身体非常虚弱，粘成黑黑的一团，都躺在蚂蚁窝上。

我们轻轻地用小木棍儿拨弄拨弄它们，它们只勉强地动弹动弹。它们连向我们喷射刺激性的蚁酸的力气都没有。

还得再过几天，它们才会重新开始干活儿。

还有谁苏醒了？

从冬眠中醒来的还有蝙蝠和好多种甲虫（扁扁的步行虫啊，圆圆的黑屎壳郎啊，还有叩头虫，等等）。叩头虫会做惊险的表演——只要它仰面朝天，就会把头吧嗒一点，蹦个高儿弹了起来，然后在空中翻个跟头，稳稳落在地上。

此时蒲公英也开花了，白桦周身泛出了绿色的光芒，眼看就要冒出叶子了。

第一场雨过后，地面上爬着粉红色的蚯蚓，羊肚菌和鹿花菌等菌类也钻出头来。

池塘里

一片生机勃勃的景象出现在池塘里。青蛙离开了它在池塘的淤泥中用水藻铺就的床铺，产下卵后便跳上了岸。

而蝾螈（róng yuán）却正相反，现在它们正从岸上回到水里。橙黑色的蝾螈拖着一条大尾巴，它长得不太像青蛙，倒是有点像蜥蜴。冬天一到，它们就会离开池塘去森林里，钻进潮湿的青苔里冬眠。

癞蛤蟆也苏醒了，也产卵了。不同的是，青蛙卵像一团团漂浮在水上的胶冻，上面全是小泡泡，每个泡泡里都有个圆圆的小黑点。而癞蛤蟆卵是一串串的，有一根细带子把它们串在一起，然后附着在水草上。

森林里的清洁工

当冬天的严寒骤然到来时，有些措手不及的飞禽走兽会被冻死，然后就埋在了雪下。当春天来时，它们的尸体就露出来了。不过它们的尸体不会留在那里很久的——熊啊，狼啊，乌鸦啊，喜鹊啊，埋粪虫啊，蚂蚁啊，还有其他森林清洁工会处理的。

它们是在春天开花吗？

现在可以看到很多植物开花了，比如三色堇、荠菜、遏蓝菜、繁缕、欧洲野菊什么的。

你可别以为这些草也是从地底下钻出来的，跟春天开花的雪花莲一样。雪花莲是"先探出绿色的梗，然后拼尽它那小小的力气一伸腰"，它的小花就绽放了。

而三色堇、荠菜、遏蓝菜、繁缕和欧洲野菊一直在寒冬中傲立，它们的花朵一直盛开着。等到盖在它们头上的残雪化尽，它们就苏醒了，已绽放的花朵和含苞欲放的蓓蕾也水灵灵的了。

去年晚秋时草茎上还有一些蓓蕾，现在都开出了花儿，正在草丛里望着我们呢。

你说，它们怎么能算是在春天开花呢？

尼娜·巴甫洛娃

白寒鸦

在小雅尔契克村的学校附近，有一只传奇的白寒鸦，它总是和一群普通的寒鸦一起生活。老年人都说过去从未见过这样的鸟儿。我们这些小孩子实在弄不明白：怎么会有这么传奇的白寒鸦呢？

《森林报》通讯员 波良·西林采娜

葛勒·马斯洛夫

来自编辑部的解答：

正常的鸟兽有时会生下全身雪白的幼鸟幼兽。科学家认为，这是因为它们患了色素缺乏症。

这种疾病的症状有两种——一种是全身雪白，一种是部分雪白。患这种疾病的鸟兽体内缺少染色体（也就是能使羽毛和兽毛有色的色素）。

患色素缺乏症的家畜有很多，像白家兔、白鸡、白老鼠。

但生来就患色素缺乏症的野生动物不多见。

患色素缺乏症的野生动物是难以生存的。有的刚生下不久就会被亲生父母咬死；侥幸活下来的，一辈子要遭受同类的迫害。即便它能像小雅尔契克村的那只白寒鸦那样，被亲族们接纳，也往往活不长，因为大家一眼就能看见它，而那些猛禽猛兽更不会放过它。

稀罕的小动物

有一只啄木鸟在森林里尖叫了起来。我一听那刺耳的叫声就知道：啄木鸟遇到灾难了！

我穿过密林一看，空地上的枯树上有个规规整整的窟窿——那是啄木鸟的窠。有一只罕见的小动物正顺着树干朝那里爬过去。我认不出来这是哪一种动物！它全身灰不溜秋的，尾巴短短的，没多少毛；耳朵像小熊的耳朵似的，小小的，圆圆的；眼睛像猛禽的眼睛，又大又凸。

住手，你在干什么！

这个小东西爬到洞口，往里面瞧了几眼，看来它是想吃鸟蛋……啄木鸟猛地向它一扑！小兽赶快闪到树干后面。啄木鸟追着它，小兽围着树干滴溜溜转，啄木鸟也跟着它转圈。

小兽越爬越高——快爬到树干的尽头了，此时它就要走投无路了！啄木鸟笃地狠狠啄了它一口！小兽纵身一跳，从空中滑翔到地面……

我，我，我只是有点饿。

你这个小偷，坏蛋，离我的孩子远点！

　　它伸开四只小爪子——像秋天落下来的一片枫叶似的，随着风飘走了。它的身子轻轻地左右摆动着，它的小尾巴像掌舵似的在转动着。它飞过了空地，落在了一根树枝上。

　　此时我才弄明白，原来它是一只会飞的鼯（wú）鼠。它的两胁上长着皮膜。它只要蹬着四条腿，打开两胁的皮膜，就能飞了。它是森林里的跳伞运动员！只可惜这种小动物太稀少了！

《森林报》通讯员 尼·斯拉底科夫

这年头，吃个饭也这么危险！天下不太平啊！

飞鸟带来的快报

春汛

春天带给林中的动物许多灾难。雪很快就融化了，河水泛滥了，淹没了两岸。有些地方已然洪水成灾。我们接到四面八方传来的动物受灾的消息。最倒霉的是兔子、鼹鼠、田鼠以及一些在地上和地下居住的小动物。水闯进了它们的家，它们只好逃出来了。

每一只小动物都想尽办法自救。小小的鼩鼱从地洞里逃了出来，它爬上灌木丛苦等大水退去，因为一直挨饿，所以一副可怜巴巴的样子！

当大水漫上岸时，地洞里的鼹鼠差一点被闷死。它逃出地洞，蹿到水里游了起来，四处寻觅一个干燥的地方待着。

鼹鼠是个出色的游泳运动员。它畅游了几十米后，终于找到一个满意的地方。它非常庆幸，自己那油黑晶亮的毛皮浮在水面上时居然没有被猛禽发现。

它上岸后，又很麻利地钻到地下了。

树上的兔子

有一只兔子遭遇了以下经历。

这只兔子住在一条大河中的小孤岛上。它每天夜里都出来啃小白杨树的树皮吃，白天它害怕被狐狸或者人发现，就躲在灌木丛里。这只兔子年龄尚小，而且有点笨笨的。有一天，河水泛滥，把许多浮冰都冲到小岛四周了，发出噼里啪啦的响声，可是小兔子根本没有察觉到。

那个时候，兔子正躺在灌木丛里舒舒服服地睡大觉。它被太阳晒得暖暖的，所以没有发现河水在疯涨。直到它身下的毛湿了，这才醒了过来。等到它跳起身时，四周已是一片汪洋了。

大水来了！现在水刚浸到兔子的爪子，它向岛中央蹿去，那里没有被水淹没。

可是河水涨得快极了。小岛上的干地面越来越小，越来越小。小兔子蹿来蹿去，十分慌张。眼看着整个小岛就要被淹没了，可它又不敢往湍急冰冷的水里跳。它怎么能游得过呢！它苦熬了整整一天一夜。

到了第二天早晨，只剩下一小块干地，地上有一棵粗大的树，树干上长满了节疤。这只吓得没了魂儿的小兔子，绕着这棵树瞎跑。

到第三天，大水已经漫到树跟前了。兔子急忙往树上跳，可是每次都扑通一声掉下来，然后就跌到了水里面。最后，兔子终于够到了那根最低的粗树枝，它就待在那上面默默地等着大水退去了。此时河水已经不再上涨了。

小兔子并不担心会饿死，因为尽管老树皮又硬又苦，但是还可以勉强充饥。倒是风实在让它感到害怕。树被风吹得东摇西晃的，小兔子几乎要被甩下来了。它就是水手，水手是趴在船桅上，而此时它脚下的树枝也像是剧烈摇摆中的船桅，下面奔流着一眼望不到底的冰冷河水。

整棵的大树、木头啊，原木啊，稻草啊，还有动物的尸体啊，全都在宽阔的河面上漂流着，漂过兔子身下。只见有一只死兔子，在波涛里晃晃悠悠地慢慢漂过它身旁，这只可怜的兔子吓得浑身哆嗦了起来。它那只已死去的可怜的同类，被水中的一根枯树枝绊住了，于是它肚皮朝天，四脚僵直，随着树枝漂流着。

这只小兔子在树上待了3天之久。大水终于退去了，小兔子才跳到了地上。现在，它只好依旧住在这座孤岛上，直到夏天河水的水位变浅了，它才跨过浅滩搬到岸上去住。

乘船的松鼠

　　渔人在一片水洼中布下袋形网捕鳊（biān）鱼。他划着一只小船，慢慢穿行在那些冒出水面的灌木丛之中。他发现在一棵灌木上，好像长出了一团奇怪的浅棕黄色的蘑菇。那只蘑菇居然冷不丁地跳到渔人的小船里。渔人定睛一看，原来这是一只毛乱蓬蓬的、湿淋淋的松鼠。

　　松鼠被渔人送到了岸边，它马上跳下船来，蹦蹦跶跶钻到树林里了。谁知道它怎么就会出现在水中的灌木上呢？谁又知道它在那里待了有多久呢？谁都不知道。

连鸟类都遭殃了

鸟类并不怎么害怕发大水这件事。可是，如今它们也因此而饱受折磨呢！有一只淡黄色的鹬鸟在一条大渠的边上筑窝了，在窝里生下了蛋。大水冲毁了鸟儿的窝，也冲走了窝里的蛋，鹬鸟只好重新再建一个家了。

树上的沙锥焦急地等着大水退去。沙锥是住在林中的沼泽地里的一种动物，专门靠它那长长的嘴在软软的稀泥里觅食。它那双天生就便于在地上行动的脚，要是一直站在树上，那就好比让狗站在栅栏上那么别扭。但它不得不待在树上，只盼着自己能够早点走在泥沼地里用长嘴刨食。它是离不开那块沼泽地的！因为别的同类占据了其他领地，它们是不会容它过去觅食的。

意外收获的猎物

某天，我们的一位《森林报》通讯员，同时他也是一位猎人，悄悄地靠近一群正栖息在湖中的灌木丛后面的野鸭。猎人脚踏高统胶靴，小心翼翼地在水上穿行，漫上湖岸的水没过了他的膝盖。

这时他突然听见正前方的灌木丛后面有鱼儿扑腾的声音，接着他看到一只怪物露出了长长的、光溜溜的、灰色的脊背。他当下没有多考虑，就用准备用来打野鸭的霰弹，对着那不知名的怪物连开了两枪。灌木丛后的浅水一阵翻腾，激起了许多波浪，后来就悄无声息了。猎人走上前去看时，原来射杀了一条约有一米半长的梭鱼。

眼下正是梭鱼产卵的时节，梭鱼从河中、湖里，游到被春水淹没了的岸上的草丛中产卵。小梭鱼孵出来之后，就会随着退下来的水，再回到河中、湖里。猎人没有想到这回事。否则他一定不会干这种违法的事的——法律是禁止人们开枪捕猎春天游到岸边产卵的鱼的——连捕猎梭鱼和其他食肉类的鱼也不行。

残余的冰块

曾经有那么一条冰道横穿过小河的河面，这条冰道是人们驾着雪橇行走的路。可是春天光临后，河面上的冰就浮了起来，逐渐断裂了。于是这一段冰道就晃晃悠悠的，随着流水往下游漂去了。

这块断裂的冰块很脏，残留着马粪、雪橇的车辙印和马蹄印，还有一只马掌上的钉子。刚开始冰块是漂流在河床里。有一些小白鹡鸰不时从岸上飞到冰块上面，啄食那些浮在冰上的小苍蝇。到后来，大水漫过堤岸，这大冰块也被冲进草场了。鱼儿快乐地穿梭在由草场变成的水泽之中，还会在冰底下游过。

一天有一只黑色的小野兽，从冰块旁边的水面钻了出来，爬上这块冰块。原来这是一只鼹鼠。草场被大水淹没了，地底下没办法顺畅呼吸了，所以它就浮出水面，寻找别的去处。恰巧这漂浮的冰块的一角被一座土丘挂住了，鼹鼠赶紧跳上土丘，麻利地挖了个洞钻进去了。

流水继续推着冰块向前走着。它漂啊，漂啊，来到了森林，撞到了树墩，又被挡住了。于是冰块变成了一大群遭了水灾的陆栖小动物——森林鼹鼠和小兔子的家。这些落魄的小动物们遭受了同样的灾难，都被死亡威胁着。这些小可怜们饥寒交迫，都被吓坏了，它们彼此紧紧地挤成一团。幸好大水很快就退了。冰块也被阳光融化了，只把那马掌上的钉子留在了树墩上。小野兽纷纷跳到地面上，各奔西东了。

在河里、湖里

密密匝匝的木材漂浮在小河里：人们开始借助河水来运输冬天砍伐的木材了。木筏工人在小河汇入江湖的地方筑了一道坝，将小河口堵住了，然后在那里将拦住的木材编成木筏，让这些木筏继续向前流。

有几百条小河穿行在列宁格勒州的密林里，有不少都汇入了姆斯塔河。姆斯塔河则注入伊尔明湖，从伊尔明湖流出的宽阔的伏尔霍夫河，会注入拉多加湖。从拉多加湖中又会流入涅瓦河。

伐木工人冬天的时候会在列宁格勒州的密林里伐木。春天一到，他们就让小河把木材带走。于是那些木材就会顺着大大小小的河道漂流了。有时候，寄居在木材里的木蠹蛾也会跟着

到列宁格勒来了。

工人们常会遇到各种各样的趣事。他们中有一个人给我们讲了这么一个故事：一天，他看见一只松鼠正坐在小河边的树墩上，用两只前爪抱着一颗大松果在啃。这时突然有一只大狗汪汪地从树林里冲了出来，死命向松鼠扑过去。松鼠如果逃到树上去就能逃生了，但附近一棵树都没有。松鼠急忙丢下大松果，把它毛蓬蓬的大尾巴翘到背上，向小河边飞奔过去。狗在后面猛追。那时河面上正浮着密密匝匝的木材。松鼠赶忙跳上离自己最近的那根木头，一根接着一根地向前跳。狗儿也不顾一切地跟着跳上了木头。可是狗的腿又长又僵硬，怎么能在上面跳呢？木材在水面上打着滚儿，狗的后腿一打滑，前腿也接着滑，就掉进水里了。这时又有一大批木材浮在河面上。转眼间狗就不见了。那只机灵轻巧的松鼠，此时正蹦蹦跶跶的跃过一根又一根的圆木，很快就蹿到对岸了。

还有一个伐木工人看到了一只棕色的怪兽，这只怪兽有两只猫那么大。它趴在一根单独漂浮的木头上，嘴里还叼着一条大鳊鱼呢！

这家伙舒展了身子，安然地吃完美餐，挠了挠痒痒，打个哈欠就钻进水里了。

原来这是一只水獭。

祝您钓到大鱼！

古代有一种非常可笑的习俗——每逢猎人外出打猎时，别人总要送他类似这样的话："祝您连根鸟毛都抓不到[①]！"可对外出钓鱼的人却说："祝你钓到大鱼！"

我们《森林报》的读者里有不少人喜爱钓鱼。我们不仅为他们送上美好的祝愿，还准备为他们献上诚恳的忠告，要告诉他们：什么鱼何时在哪儿容易上钩。

河水解冻后，就要赶快用蚯蚓当食饵去钓山鲶鱼了，要把蚯蚓食饵垂到河底。只要池塘里和湖里的冰融化了，就可以钓红鳍鱼了。红鳍鱼喜欢在岸边去年的陈草丛里逗留。再过一段日子，就可以用底钩钓小鲤鱼了。当河水逐渐清澈以后，就可以用小活鱼这样的饵料和绞竿鱼叉等工具捞大鱼了。

我国著名的捕鱼专家库尼罗夫曾说："捕鱼人应该搞清楚鱼类在不同季节的各种天气条件下的各种生活习性，当他在河边或是湖岸时，就有可能找到容易让鱼儿上钩的好地方。"

春汛过去后，河岸重新露了出来，河水也变清澈了，现在正是钓梭鱼、硬鳍鱼、鲤鱼和鳜鱼的好时机。要在以下这样的地方钓鱼：河口里；浅滩、石滩旁；陡岸、深湾附近，尤其是那些岸边有淹在水中的乔木和灌木的地方；还有啊，在水面平静、可以将鱼钩抛到水中的河道狭窄区；在桥墩下、木排或

95

是小船上；在水磨坊的河堤上……对上述地方而言，无论从两岸树丛下的深水还是浅水里，都可以钓到鱼。

库尼罗夫还曾说："普通的带浮标的那种钓鱼竿，无论在哪种水域，从初春到深秋都能用。"

我们从 5 月中旬开始，便可以用红虫子当饵，在湖泊和池塘里钓冬穴鱼了；再晚一阵子，就到了钓斜齿鳊、鳜鱼和鲫鱼的时候了。钓鱼的好地方是：岸边的草丛里、灌木丛旁和 1.5 米到 3 米深的河湾处。不要在一个地方钓太久——如果鱼不再上钩了，就换到另一丛灌木处，或是去芦苇丛、牛蒡丛。坐在小船上更容易钓到鱼。

　　等到平静和缓的小河水一变清澈，就可以在岸上钓鱼了。此时最适于钓鱼的地方有：陡峭的岸边；河心里有许多残树枝的坑洼旁；还有岸边长满杂草和芦苇的河湾上。

　　有时候，我们很难从小河湾和树丛旁那里走，因为河岸有泥泞，四周都浸满了水。不过如果能踩着草墩，或是穿高统靴走过去，把带着鱼饵的钩甩到牛蒡丛后或是芦苇丛里，就有机会钓到好多鳜鱼和斜齿鳊。

　　要在河岸钓鱼，得沿着岸细心寻找好地方。然后找到没有被人钓过鱼的地方，扒拉开树丛，把鱼饵甩进去。还有桥墩旁啊，小河口和水磨坊的堤坝上啊，都是好地方，经常能找到鱼，

可以钓到大鲤鱼，就用那种普通的，带浮标的钓鱼竿就行，5月中旬到9月中旬之间，也能用没有浮标的钓鱼竿。

适于用没有浮标的钓鱼竿钓各种淡水鳜鱼的地方有：大水坑、河道曲折、水流湍急的地方；林中小河里水面宽阔、平静无风、河中央堆满了被风刮倒的树木的地方；岸边布满灌木丛的深水潭；堤坝和石滩的下面。

有几种鳜鱼只能在石滩和暗礁附近钓到。有几种小鲤鱼和小型鱼，要到离岸不远水流湍急的浅水中，或是河底有砾石的河汉中才能钓到。

———————————————————————————

① 古代俄国人有一种迷信的说法：说吉祥话会因为招到鬼嫉妒而变得倒霉，所以要故意对要出发的猎人说些不吉祥的话。

林木大战

不同的林木种族之间常会有战争。我们派了几位特约通讯员去前线采访。他们先是去了白胡子百年老云杉生活的地方。那些老云杉战士，个个都有两根甚至三根电线杆那么高哩！

这里阴森森的。老云杉战士们沉着脸，僵直地站在那儿，也不出声。它们的树干，从根部到梢部都是光秃秃的，只是偶尔会从树干中生出些弯弯曲曲的枝条，也都是快要枯死了。大树在高空中蓬蓬的针叶树枝互相缠绕着，像是一座巨型屋顶，严严实实地遮住了它们的领土。阳光射不穿那层屏障，林子下面黑糊糊的，闷闷的，充满了一种潮湿、腐朽的味道。偶然落脚的绿色小植物全夭折了；只有灰苔藓和地衣喜欢这种沉闷的生活：它们喝着主人的"血"——树液，放肆地密集在战死的大树尸体上。

我们的特约通讯员在这里一只野兽也没遇到，也没听见一声小鸟的叫声。只遇到一只来这里躲阳光的孤僻猫头鹰。我们的通讯员吵醒了它，它愤怒地竖起了毛，抖着胡子，角质的钩形嘴巴发出瘆人的叫声。

没有风的日子里，这里一片沉寂。有风刮过时，那些坚定、挺拔的巨树，也只是摇一摇自己布满针叶的树梢，发出气嘘嘘的声音。

在老林子里，要数庞大的云杉个子最高，体格最强壮，拥有的成员最多了。

我们的特约通讯员走出云杉的地盘后，又走进了白桦和白杨的地盘。这里的白皮肤、绿头发的白桦和银皮肤、绿头发的白杨，用窸窣的掌声欢迎着他们。无数的鸟儿在枝头唱着歌。阳光从树梢的叶间倾泻下来，那儿的景象是绚烂多彩的——斑驳的阳光不时在闪烁，照出了金黄色的小蛇、圆圈儿、月牙儿还有小星星等形状，跳跃在光滑的树干上。矮小的草类种族密集在地面，显然，它们很享受被绿帐篷遮蔽的感觉，有一种在自己家里的愉悦感。我们通讯员的脚下有很多野鼠、刺猬和兔子。有风刮过的时候，这快乐的地盘里就一阵喧哗。没有风的时候，这里也不安静：白杨树叶颤颤地发出了沙沙的声音，像是在日夜不停地窃窃私语。

这个国度有一条界河，河的另一边是一片荒漠，这里原有的森林被伐木工人们在冬天的时候采伐光了。过了这片荒漠后，又是巨大的云杉林，它们像一堵黑黝黝的屏障似的。我们编辑部的人知道，森林里的冰雪一旦融化，这片荒漠立刻就会变成一个战场。各种不同的林木种族的居住地都是拥挤不堪的，所以只要附近有一点新地方空出来，每个种族都急着要抢到手。我们的通讯员过了界河，在这荒漠上搭了个帐篷住了下来，准备亲眼见证这场战争。

　　在一个阳光和煦的清晨，远方传来了一阵噼啪声，好像敌我双方对射的枪声似的。我们的通讯员匆匆忙忙赶到那里。原来是云杉们开始进攻了：它们派出空军去占领这片空地。云杉的大球果被太阳晒得发出了噼里啪啦的声音，纷纷裂开了。每个球果裂开的时候，都发出砰砰的一响，好像有人在用玩具小手枪似的。紧包着球果的外壳一下子张开了。球果就像是一个秘密的军事基地，它一张开，里面就有许多小小的滑翔机——种子飞出来。风把它们托住，一会儿碰得高高的，一会儿又压得低低的，挟着它们一路在空中旋转着。每棵云杉上都结着成百上千个球果。而每颗球果里都藏着一百多粒种子。无数的种子飞翔在空地的上方，然后降落。云杉种子比较重，而且只有一个扇形翅膀，小风不能把它吹到更远的地方。它们没能飞到大片的空地，往往在半路上就落地了。几天后，有一场大风刮过，云杉的种子终于把空地全占领了。接下来的几个春寒早晨，娇弱的种子差点被冻死。还好后来有一场温暖的春雨降落，大地变得松软后才接纳了这批小小的移民。

　　云杉种族占领空地的时候，界河那边的白杨正开着花呢。它们那毛茸茸的菜黄花序中的种子，才开始成熟。

　　一个月后，夏天越来越近了。

　　云杉种族阴森森的地盘上有了佳节的欢快气氛。在云杉的树枝上，有红蜡烛出现了——原来是新生的球果。每颗云杉都换上盛装：墨绿色的针叶树枝上，缀满了金灿灿的葇荑花序。云杉开花了，它们是在悄悄地孕育明年使用的种子呢。

现在，那些埋在空地里的种子，在温暖的春水的滋润下就膨胀了起来。它们即将破土而出，以小树苗的面貌来到这个世界上。

可是，白桦还没开花呢！

我们的通讯员认为，这片空地一定会完全被云杉占领，而其他林木种族就错失机会了。他们觉得自己这个想法很靠谱，它们断定不会起战争了。

编辑部人员希望能收到通讯员们为下一期《森林报》寄来的新的详细报道。

农事记

雪刚化，集体农庄的人们就把拖拉机开到田里去了。用拖拉机可以耕地、耙地，如果给拖拉机安上钢爪的话，它还能铲除树墩，开辟荒地。

一些黑里透蓝的秃鼻乌鸦，大模大样地跟在拖拉机后面；一些灰色的乌鸦和白腰身的喜鹊，在地垄间蹦蹦跳跳；它们都在找翻起来的土块中的蛆虫、甲虫和它们的幼虫吃。

地耕过了，耙平了，拖拉机已经开始拖着播种机在田里播种。选好的种子被均匀地一行一行撒在田里。我们这儿最先种的是亚麻；然后是娇气的小麦；接着就是燕麦和大麦，它们都属于春播作物。

至于像黑麦和小麦那样的秋播作物，现在已经离地好几厘

米高了；这两种麦子是在去年秋天的时候种下的，在雪下过了一个冬天，如今发了芽，现在正拼命长个呢。

在清晨和黄昏的时候，时而会从生气勃勃的绿丛中传来吱吱的声音，好像有一辆看不见的大马车驶过，又好像有一只大蟋蟀在唧唧地叫着："契哦哦——维克！契哦哦——维克！"

那声音既不是大车发出的，也不是蟋蟀发出的——原来是号称"美丽的田公鸡"的灰山鹑在叫着。它长着灰色的毛，还有点白色的花斑，橘黄色的颈部和两颊，黄脚，红眉毛。此时它的妻子正在绿树丛中的某个角落里建窠。

草场上长出了青青嫩草。牧童们在黎明时就早早地把牛群、羊群赶去草场了。这些动物的叫声很响，把住在集体农庄的小房子里还在做美梦的孩子们吵醒了。

人们有时会看到马背或是牛背上有一些奇怪的"骑士"，那就是寒鸦和秃鼻乌鸦。牛向前走着，那有翅膀的小骑士在牛背上"笃笃"地啄着，本来牛也可以甩甩尾巴，像撵苍蝇似的赶走它们。可是牛在忍耐着，并不去撵它们。这又是为什么呢？

原因很简单：反正小骑士们也不沉，而且它们对牛啊、马啊都有好处呢。寒鸦和秃鼻乌鸦会啄食藏在它们毛里的蝇、虻及幼虫，还有苍蝇在它们擦破或是碰伤的皮肤上产的苍蝇卵。

肥硕硕、毛乎乎的丸毛蜂早苏醒了，嗡嗡地鸣叫着；亮晶晶的细腰身黄蜂快乐地飞出了窝；蜜蜂也该出来逛逛了，人们将蜂房放到养蜂场上。长着金黄色翅膀的蜜蜂爬出蜂房，晒了个日光浴，伸了伸翅膀，就飞去采甜甜的花蜜了。这是它们今年第一次采蜜哩！

集体农庄的植树活动

春天，我们列宁格勒州各个集体农庄都栽了数千公顷的树木。许多地方新开辟了面积在 10 公顷到 50 公顷的苗木场。

集体农庄新闻

新城市

昨天不过一晚上的工夫，果园附近就冒出了一座新城市。城里房子的样式是整齐统一的。听说这些房子不是盖的，而是用担架抬过来的。

这个城市里的居民很喜欢今天晴朗的好天气，都出来游玩了。它们在自己家的上空盘旋着，努力记住所在的街道和所住的地方。

马铃薯过节

假如马铃薯会唱歌的话，你们今天一定能听见一首顶快乐的歌。原来今天是马铃薯的一个很大的节日——今天，它们被运到田里了。人们小心翼翼地把它们装进木箱里，搬到汽车上，就运过去了。

为什么要小心翼翼地装，还要装在木箱而不是装进麻袋里呢？那是因为每一颗马铃薯都出芽了。多么可爱的芽呀——短短的、胖乎乎的、毛茸茸的、晒得黑黑的。它们下面布满了许多白色小凸包——很快就要生出马铃薯根来了。芽的上端是尖尖的，已经露出小小的叶子来了。

神秘的坑

人们在秋天时就在校园里挖好了一些坑，也不知道这些坑的用途是什么。常会有青蛙掉到坑里去，所以，好多人以为这是专门逮青蛙用的陷阱。

可是现在连青蛙都弄明白了：挖的这些坑是用来栽果树的。

孩子们往坑里分别栽了苹果树、梨树、樱桃树还有李子树，一个树坑里栽一棵。

他们还往每个坑里立一根木桩，把小树绑在木桩上。

修 "指甲"

集体农庄的美容师，正在给牛修"指甲"。他把它们四只蹄子都刷干净，再把指甲修好了。不久，它们就要往牧场去了，所以总得把它们的"指甲"修好。

开始在田里干活儿了

拖拉机昼夜不停在田里轰隆轰隆地耕地。夜里，拖拉机手

单独在田里工作，没有人做伴；到了早上，就有一群寒鸦死盯着拖拉机。它们忙得团团转，拼了命也吃不完被拖拉机翻出来的那些蚯蚓。

在江河和湖泊附近，跟在拖拉机后面的不是一群寒鸦，而是一群白鸥：白鸥也非常爱吃蚯蚓以及在土里过冬的甲虫的幼虫。

奇怪的芽儿

一些黑醋栗上面长着一种奇怪的芽。它们很大，而且圆圆的。有些张开的芽长得很像极小的甘蓝叶球。我们把这样的芽放在放大镜下仔细观察，不由惊叫了起来！那里面住满了一大堆讨厌的生物——它们长长的，弯弯的，还在那蹬着腿儿一抖一抖的呢！

怪不得树芽胀得这么大啊！原来是扁虱躲在芽里过冬呢。扁虱是黑醋栗最可怕的敌人。它们不仅会毁了黑醋栗的芽，还把传染病带去，使黑醋栗结不了果实了。

如果一棵黑醋栗上膨胀的芽还不多，就得在扁虱还没爬出来之前，赶紧把这种树芽全摘下来烧掉。有很多这样膨胀的芽的黑醋栗，就只能被整棵处理掉了。

顺利飞来的小鱼

我们的集体农庄飞来了一批小鱼——是刚满一岁的小鲤鱼。鱼儿当然是不会飞的，它们是被装在矮木箱里，搭乘飞机飞来的。现在它们都还活得好好的，健健康康的，已经欢欢喜喜地在我们的池塘里游来游去了。

城市新闻

植树周

积雪早就融化了，土地解冻了。城市和州里的植树周也开始了。在春天植树的这些日子，成了我们盛大的佳节。

在学校的园地上、花园里、公园里，以及住宅旁和大路上到处能看到孩子们忙碌着的身影，他们在挖树坑。

涅瓦区的少年自然科学家试验站为孩子们准备了几万棵果树插条。

苗圃也分给海滨区的各学校两万棵云杉、白杨与椴树的苗木。

列宁格勒　塔斯社

林木种子储存罐

　　这里有一片广阔无垠的田地，要保护这里不受风害，得种多少棵树呀！我们学校里的孩子们都知道造护田林的重要性。因此在春天的时候，六年级甲班教室里便摆了一只大木箱，即林木种子储存罐。孩子们用桶盛着种子，带到学校倒进木箱里。有人带了椴树种子，有人带了白桦的葇荑花序，也有人带了结实的棕色橡实——就说维加吧，他光是收集桦（chén）树种子，就有 10 千克。到秋天的时候，林木种子储存罐已经满满的。我们将收集到的种子全都送给政府了，让政府建立新的苗圃。

丽娜·波丽阔娃

在果园和公园里翩翩起舞

有一层柔和、透明的雾笼罩着树木，树木就好像是蒙上了一层绿纱。等到树木长出第一批叶子后，这层"薄纱"就会褪去了。

一只漂亮的大蝴蝶飞了出来，这是长吻蛱蝶。一身褐色中点缀着浅蓝色斑点，像天鹅绒般美丽，它双翅的末梢发白，像褪了色似的。

又有一只有趣的蝴蝶飞出来了。它长得很像荨麻蛱蝶，只是个子更小一些，颜色没那么鲜明，全身淡棕色。它的翅膀类似锯齿，好像是被扯破了似的。

你捉一只仔细看看，就能看到它翅膀下方，有一个像字母"C"的白色图案。简直让人以为是谁特意在这只蝴蝶身上打了个白色图案"C"当记号。这种蝴蝶的学名就叫"C"字白蝶（中国名字叫葫蝶）。不久之后，两种白蝴蝶——小粉蝶和大白蝶，也要出来了。

七鳃鳗

从列宁格勒到库页岛的大大小小的河域里，都生存着一种奇怪的鱼。它的身子又细又长——你乍一看还以为那是一条蛇呢！它的鳍没有生在身子两边，而是生在了背上和离尾巴很近的地方。它游泳的时候，身子扭来扭去的，确实很像一条蛇。它的皮软软的，没有鳞。它的嘴和普通的鱼嘴不一样，它的嘴是一个漏斗形的圆孔，是个吸盘。你看到这吸盘，会觉得它根本不是鱼，而是巨大的水蛭。

在我们乡下，人们都叫它七孔鳗[①]，因为在它的身体两侧、眼睛后面，每一边都长着 7 个呼吸孔。

七鳃鳗的幼鱼长得很像泥鳅。孩子们常用它们当鱼饵去钓食肉的大鱼。七鳃鳗有时候会用吸盘吸着大鱼，跟着大鱼在河里游逛，大鱼怎么也甩不掉它。渔人们还告诉我们，有时候七鳃鳗还会吸着水底下的石头。当它吸住石头后，就会拼命地扭动全身，不断地扭啊、拉啊，石头居然被搬动了——这种鱼的力气真的够大的！七鳃鳗搬开石头后，就留在石头底下的坑里产卵。这种奇怪的鱼还有个学名叫石吸鳗。

它的样子是挺丑陋的，不过把它用油煎一煎，蘸着醋吃，却好吃得很呢！

---

① 这种鳗鱼的身体两边各有7个鳃孔和1只眼睛，从前的人把它的鳃孔也当成眼睛，所以它也叫八目鳗。

大街上的生活

蝙蝠一到夜间就开始空袭城市的郊区。它们丝毫不理会路上来来往往的人，只忙着在空中追捕蚊子和苍蝇。

燕子也飞来了。我们列宁格勒州的燕子有三种：一种是家燕，它长着叉子似的长尾巴，喉咙那儿有一个火红的斑点；一种是金腰燕，短尾巴，白脖子；一种是灰沙燕，个头小小的，灰褐色，白胸脯。

家燕把窝搭在城市四郊的木房上；金腰燕的窝多搭在石头上；而灰沙燕，会和它们的孩子生活在悬崖的岩洞里。

雨燕总是姗姗来迟。雨燕和普通燕子的形状不同，它们不时发出刺耳的尖叫声，而且喜欢在房顶上空盘旋。它们浑身乌黑，翅膀是半圆形的，像一把镰刀，不像普通燕子那样，是尖角形的。

叮人的蚊虫也出动了。

摘自一位少年自然科学家的日志

市区里的鸥

涅瓦河刚刚解冻，河的上空就出现了鸥。它们对轮船和城市的喧闹声毫无感觉，就在人的眼皮子底下安然地从水里捉小鱼吃。

鸥飞累了，就大模大样地停在铁皮房顶上休息。

有翅膀的旅客搭乘飞机

谁也没想到飞机里的旅客是有翅膀的小飞虫。只是听到那一阵阵的嗡嗡声后才猜想到这一点。一批来自高加索的蜜蜂分散在200间舒服的客舱——三合板木箱里。800个蜜蜂家庭被从库班空运到我们列宁格勒来了。

这些小旅客得到的待遇很好，飞机上的工作人员给它们提供了"蜜粮"。

尼·伊夫琴科

太阳雪

5月20日的早晨，大太阳明晃晃的，东方的天空蓝莹莹的，可是没想到此时竟下起雪来了。晶莹的雪花像萤火虫似的，在空中轻飘飘的飞舞着。

冬天呀！你不要再吓唬人了，现在你派来的寒雪没有多少张牙舞爪的时间啦！这光景，就好像夏天的太阳雨一样——这样的雨会使蘑菇长得更快些。现在，雪一落地就融化了。

我要到郊外的森林里看看，也许我会发现，在那雪一落就

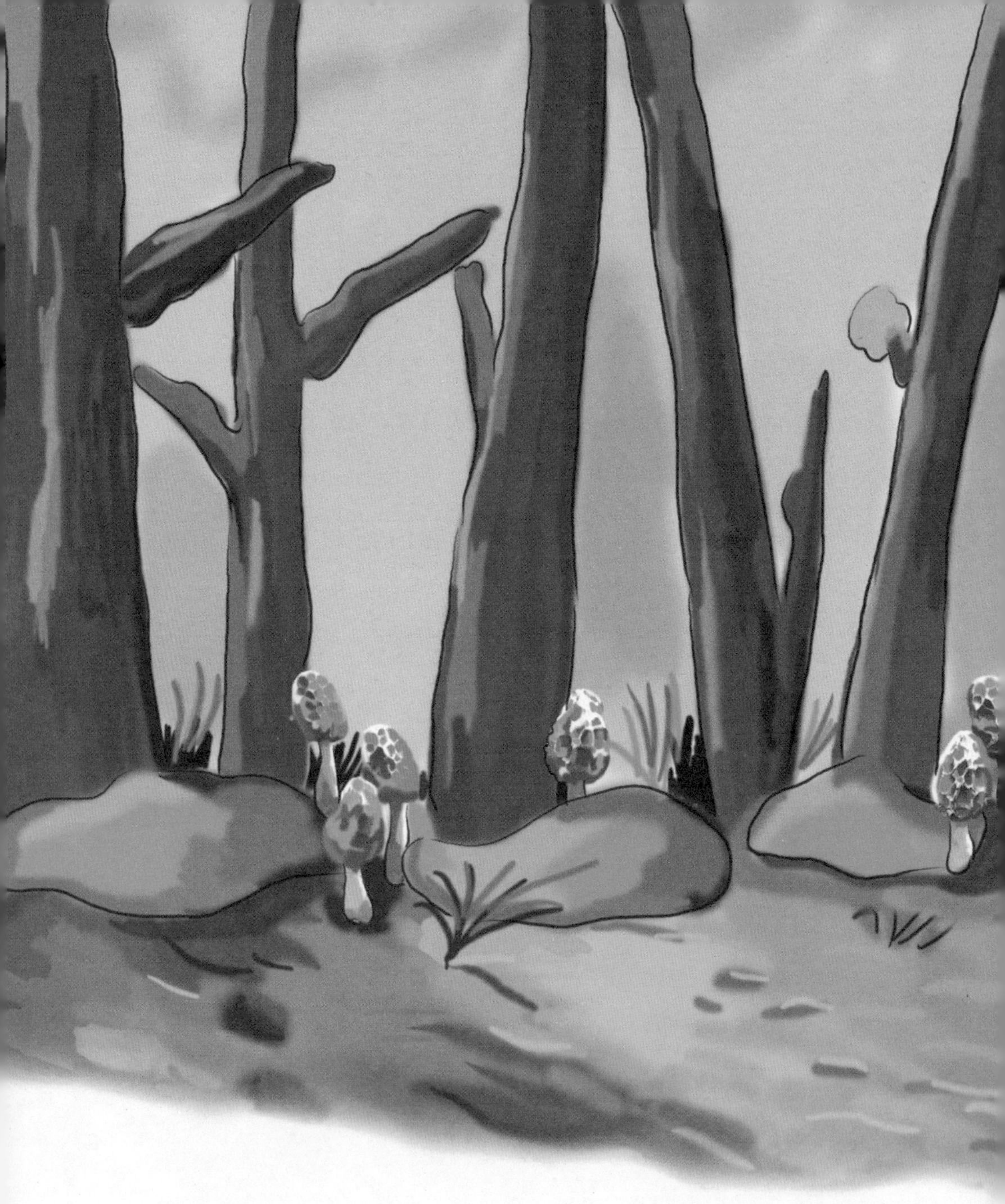

化的地面，有一大堆满是褶儿的褐色小蕈伞——也就是早春第一批好吃的蘑菇——羊肚菌。

《森林报》通讯员　维立卡

布谷

5月5日早晨，郊外的公园里响起了布谷鸟的第一声叫。

过了一星期后，在一个温暖、宁静的傍晚，忽然在灌木丛里传来什么鸟儿的清脆的鸣叫声。那叫声好听得很！起初它只是轻轻地叫，后来就越叫越响，再后来索性放声歌唱了起来。那歌声层层叠起，好像一粒粒珍珠落入玉盘似的！

这时候，大家都恍然大悟，原来是夜莺在唱歌。

猎事记

在市场上

列宁格勒的市场上这段时间正在出售各式各样的野鸭：有浑身乌黑的；有长得像家鸭的；有个儿挺大的；也有个儿很小的。有些野鸭的尾巴像锥子似的，又长又尖；有些野鸭的嘴像铲子那样宽；而有些野鸭的嘴巴就很窄。

　　一个没有多少生活常识的主妇去买野味儿，真是够糟糕的：她买了一只野鸭回去，烤好后却没有人吃，那是因为这只野鸭有一股鱼腥味儿。原来她买的要么是一只专吃鱼的潜水矶凫，要么就是一只秋沙鸭，甚至根本不是任何一种野鸭，而是一只潜水䴙䴘（pì tī）。

　　一个有经验的主妇，只要看一看野禽小小的后脚趾，就能一眼辨出是潜水矶凫还是好野鸭。

　　潜水矶凫的后脚趾上突起的厚皮很大，而河面上那些"珍贵的"野鸭的后脚趾上突起的厚皮只有一小片。

在马尔基佐夫湖上

春天的马尔基佐夫湖上有许多野鸭。

在涅瓦河河口和科特林岛之间的芬兰湾，自古以来便被人们称为马尔基佐夫湖。列宁格勒的猎人们都喜欢去那打猎。

你到了斯摩林河上就能看到，斯摩林墓场附近的一些小船，形状稀奇古怪的，有白色的，也有与河水同色的。这些船的底部完全是平的，船头和船尾往上翘着，船身倒是不大，却格外地宽。原来这是打猎用的划子。

如果你运气好的话，在黄昏时分能遇上一个猎人，他会把划子推进小河，带着枪和其他东西上船，用一支桨顺水划去。划20分钟左右，就能到马尔基佐夫湖了。

涅瓦河上的冰早就融化了，不过河湾里还是有一些大冰块。划子排开污浊的浪，飞快地向大冰块冲去。猎人划到一块很大的浮冰旁，泊好划子后，就跨了上去。他在皮袄外披了一件白色长衫，然后把一只用来引诱雄野鸭的雌野鸭囮（é）子[1]从划子中擒出来，用绳拴好后放在水里，并将绳子的另一头拴到冰块上。雌野鸭立刻叫了起来。

猎人坐上划子离开了。

---

[1] 猎人会用活野鸭引诱别的野鸭，这种活野鸭就是"囮子"。

叛徒雌野鸭和白衣隐身人

　　猎人不用等多久，远处的水面上便飞过一只野鸭，是一只雄野鸭。它听到雌野鸭的叫声后，就向这边飞过来了。它还没飞到雌野鸭的身边，只听"砰"一声枪响，接着又是一声，雄野鸭就跌落到水中了。

　　野鸭囮子忠实地履行着主人赋予它的职责：它一遍遍地叫啊叫着，甘心做野鸭界的一个叛徒。在它的召唤下，有许多不明真相的雄野鸭从四面八方飞过来了。

　　它们的心思全放在雌野鸭身上了，却没留意白花花的冰块旁边停着一只白色的划子，划子上还坐着一个身披白色长衫的猎人。猎人一枪接一枪地放着。各种雄野鸭都落进他的划子了。

　　一群接一群的野鸭，沿着海上的长途飞行航线，继续它们的长途旅行。太阳沉进大海，城市的轮廓也消失在夜幕之中——只见那个方向亮起了点点灯火。

　　天黑了，不能再打枪了。猎人把野鸭囮子收回划子里，把船锚抛在浮冰上牢牢拴住，让划子紧靠冰块（免得被浪冲走）。

　　得考虑一下如何过夜了。

　　起风了。天空中乌云密布。四周黑洞洞的，伸手不见五指。

水上的房子

猎人将一个弓形木架支在划子的两舷上，将帐篷解开，绷到架子上。他点燃煤气炉子，舀了一壶水（马尔基佐夫湖水是从涅瓦河流来的淡水），放到炉子上烧。

雨点像鼓点一样敲在帐篷上。猎人倒是不怕下雨，反正帐篷是不漏水的。帐篷里干燥、明亮，还暖和，煤气炉子像普通火炉一样，散发着热气。

猎人喝着热茶，吃了点心，也喂了他的好助手雌野鸭，接着便抽起了烟。

春天的黑夜很短。很快天边就露出了一抹白光。它逐渐伸长，扩展。乌云散了。风停了。雨也住了。

猎人从帐篷里向外望去，隐约可见远处黑黝黝的海岸。但是，依然看不见城市的轮廓，甚至也看不见城市的灯火——原来这一夜的工夫，浮冰被风远远地吹到大海里去了。

真是糟糕！要划很长时间才能回到城里。幸亏在夜里这个冰块没有和其他浮冰相撞，否则划子会被挤成碎片，猎人自己也会被压成肉饼。

得赶紧干正事儿啦！

打天鹅

猎人的野鸭囮子在水面上拼命大叫起来，这时有一只雪白的大天鹅和它并排游着。天鹅却不叫，那是因为这只天鹅是假的。

雄野鸭一只接一只地飞过来了。猎人只打了几枪。

忽然，空中传来一阵远远的像喇叭一样的声音。

"克噜——噜呜，克噜——噜呜，噜呜！……"

"嗖，嗖，嗖！"传来一阵扇动翅膀的声音，原来是有一大群野鸭落到野鸭囮子旁边。可是猎人都不正眼瞅它们。

猎人敏捷地把子弹装进猎枪里，然后双手合拢，举到自己嘴边，吹起勾引野禽的口哨：

"克噜——噜呜，克噜——噜呜，噜呜，噜呜，噜！……"

在离地面很远的云彩下面，有三个逐渐变大的黑点。喇叭似的叫声越来越清晰，越来越洪亮，越来越刺耳。

猎人已不再应声答腔了，因为人是学不像天鹅在近处的叫声的。

现在可以看到三只慢慢地挥动着沉重翅膀的白天鹅，降落到冰块附近了。它们的翅膀在太阳下闪着银光。

天鹅们越飞越低，平稳地盘旋着。

它们看见了冰块旁的天鹅，还以为呼唤它们的就是这只天鹅，估计它不是因为筋疲力尽，就是因为受伤而掉了队，于是它们就向它飞去。

又盘旋了一下，又盘旋了一下……

猎人坐在那儿不动声色，只用眼睛紧紧盯着这三只巨大的白鸟，它们伸长了脖子，一会儿离他近，一会儿又离他很远。

杀害

又盘旋了一下。此时空中的天鹅已飞得很低，离划子也很近很近了。

"砰"——第一只天鹅的长脖子就像一根软鞭子似的垂了

下来。

"砰"——第二只天鹅在空中翻了个跟头，重重地跌在冰块上。

第三只天鹅猛得向上一冲，很快就消失在远方了。

猎人也难得像今天这么好运。

现在赶快回家吧，但是这会儿要划回城里去可不容易。

浓雾笼罩了整个马尔基佐夫湖，看不见十步以外的任何东西。

从市区传来的隐隐约约的汽笛声，一会儿在这边响，一会儿又在那边响，简直让人摸不到头脑。

有薄冰和划子相撞了，发出轻微的玻璃破碎的声音。

像雪糕般的细碎冰碴在船下发出沙沙的响声。

可是，怎么也不能飞快地划啊，万一和结实的大冰块相撞可怎么办呢？划子会一个跟头翻到水底去的！

第二天

在安德里耶夫市场上，一大群一脸好奇的人打量着这两只雪白的大鸟。它们倒挂在猎人的肩膀上，嘴巴差不多要着地了。

孩子们围着猎人，你一句、我一句地问着：

"叔叔，您从哪打到这些鸟的？难道我们这儿也有这种鸟吗？"

"它们正往北飞，飞到北方去做窠。"

"嗯，窠一定非常大吧！"

主妇们却更关心另一件事：

"请问，这种鸟能吃吗？有没有鱼腥气啊？"

猎人一一回答她们，可是耳边还回荡着活天鹅的喇叭似的叫声，还有野鸭扇动翅膀的嗖嗖声，薄冰和划子相撞时发出的轻微的玻璃破碎的声音……

上面说的那些事都是过去的事了。

现在，每当春天来临，仍有天鹅从我们州的上空飞过，它们那喇叭似的洪亮叫声仍能从云霄处传出。可是现在天鹅比以前少得多了。因为猎人们都千方百计地想要猎到美丽的天鹅，因此死得太多了。

现在我们这里严禁打天鹅。打死了天鹅的人就要受罚，而且还罚不少钱呢！

人们照旧去马尔基佐夫湖那里猎野鸭，因为野鸭多得是。

打靶场

1、 科研人员为什么要给鸟戴上脚环？

2、 榛子的雌花有多少个柱头？

3、 癞蛤蟆的卵是什么样子的？

4、 沙锥平时住在哪里？

5、 鲤鱼和鳊鱼会选择在哪里冬眠呢？

6、 一颗云杉树的球果里有多少粒种子？

7、 号称"美丽的田公鸡"的动物是什么？

8、 黑醋栗最可怕的敌人的谁？

9、 哪种蝴蝶的翅膀下方有一个像字母"C"的白色图案？

10、七鳃鳗的幼鱼长得像什么？

唱歌跳舞月

（春季第三个月）

一年——分为 12 个章节的太阳诗篇

5 月到了——唱歌吧！跳舞吧！欢乐吧！春天在这个月份里才郑重其事地开始认真做它的第三件事：给森林穿上漂亮的衣裳。

这个令森林居民最快乐的月份——唱歌跳舞月——开始了！

太阳——太阳的光和热取得了完全的胜利，它的温暖和明亮战胜了冬季的严寒和黑暗。晚霞和朝霞握手言欢——我们北方的白夜开始了。生命重新得到了大地的哺育和水的滋养，挺直了身躯；那些高大的树木都披上了油光闪闪的绿叶衣裳；无数会飞的昆虫都在空中飞翔着，一到黄昏时分，夜间活动的蚊母鸟和敏捷的蝙蝠，就会飞出来跟踪捕食它们；白天的时候，家燕和雨燕在低空徘徊；雕和老鹰在田间和森林的上空盘旋；茶隼（sǔn）和云雀在田野上空抖动着翅膀，仿佛身子被从云上垂下来的线系着似的。

没有铰链拴住的大门打开了，从里面飞出了金翅膀住户——勤劳的蜜蜂。地上的琴鸡，水中的野鸭，树上的啄木鸟，森林上面的天空上的绵羊——鹬，都在尽情唱歌、嬉戏、跳舞。诗人是这样描述当前的景象的："在我们的祖国，每一只鸟、每一只兽都乐呵呵。肺草也从去年的败叶下探出头来，给树林添一抹蓝色。"

我们称 5 月是"嗬"月。

知道这是为什么吗？

因为 5 月的天气忽冷忽热。白天太阳暖洋洋的，可是到了夜里，嗬！甭提有多凉了。我们常常会在 5 月里遇到这样的情况：有时候要热得躲在树荫下乘凉；有时候得给马厩铺上稻草，自己凑到火炉边取暖。

快乐的 5 月

每种动物都想表现自己的勇敢、能力和敏捷的身手。唱歌跳舞的活动少了起来——所有动物都在摩拳擦掌，想要打架。开战后，绒毛、兽毛和鸟羽满天飞。

森林里的动物都忙了起来，因为春季最后一个月里有很多事要做。

夏天快要来了，鸟儿们要为做窠和孵小鸟等事操心了。

村子里的人说："春天想留在我们这里，一辈子都不走。可是等到布谷鸟和夜莺一啼叫，它就被夏天赶走了。"

林中大事记

森林乐队

夜莺在 5 月里没日没夜地唱起歌来，时而尖利，时而婉转。孩子们都纳闷了：它们什么时候才睡觉呢？原来春天的鸟是没有睡大觉的习惯的，它们每次只能忙里偷闲，唱一阵儿，打个小盹儿，醒后再唱一阵儿，在间歇的半夜或是中午休息一会儿。

每一个清晨和黄昏，是森林里所有动物的演出时间，大家各唱各的曲子，各奏各的乐器。在森林里有的独唱、有的拉提琴、有的打鼓、有的吹笛。各种低吟浅唱，各种高歌亮嗓——能听到喊声、噪声、呻吟声、咳嗽声；也能听到咕嘟声、吱吱声、嗡嗡声、呱呱声。发出清脆、纯净声音的是燕雀、莺和鸫鸟；吱吱嘎嘎地拉着提琴的是甲虫和蚱蜢；打着鼓的是啄木鸟；尖声尖气吹笛的是黄鸟和小巧玲珑的白眉鸫；狐狸和白山鹑唱着小调；牝鹿轻轻地咳嗽着；狼嗥叫着；猫头鹰哼着小曲；丸花蜂和蜜蜂低低地唱着；青蛙咕噜咕噜地吵了一阵，又呱呱地变调。五音不全的动物们，也不觉得难为情。它们个个都在弹奏自己喜欢的乐器。

啄木鸟要的是能发出响亮声音的枯树枝当作它们的鼓，而它们那坚硬的嘴，就是顶好用的鼓槌。

天牛的脖子扭动起来嘎吱嘎吱地响——这不就是在拉一把小提琴吗？

蚱蜢的小爪子上带着钩子，翅膀上有锯齿，它用爪子抓翅膀，不也是在奏乐吗？

火红色的麻鳽（jiān）把它长长的嘴伸进水里，使劲一吹，整个湖里的水都被吹得咕噜咕噜直响，就像牛叫似的。

沙锥更会异想天开，竟然用尾巴唱起了歌：它冲入云霄，张开尾巴，一头直冲下来。它的尾羽兜着风就能发出咩咩的声音——活像一头羊羔在森林的上空欢叫！

森林乐队就是这样的。

客人

在乔木和灌木丛底下离地面不很高的地方，顶冰花早就开出了像金星似的艳丽花朵。它开花的时候，树枝还是秃的，春天的阳光可以一直照在地面上。就在这阳光的沐浴下，顶冰花开了，它旁边的紫堇花也开了。

看到初放的紫堇花真让人心情愉悦！它浑身上下都是美的：那奇妙的淡紫色小花，一簇簇盛开在花茎的尖端上，那花茎长长的，还长着青灰色小叶子，叶子的边儿像锯齿似的。

此时，顶冰花和它的朋友紫堇花的辉煌已经成为过去。浓浓的树荫会妨碍它们的生存，还好它们已经做好了"回家"的准备。它们的家就在地下世界里，它们不过是来地面上做客而已。它们在地上播下种子后，就消失得无影无踪了。然而它们那小小的球茎还有圆圆的小块茎，却深埋在地下，从夏天一直幽居到明年开春。

如果你想把顶冰花和紫堇花移植到自己家里，就要趁它们的花朵凋谢之前马上把它们的花株掘起来。掘的时候，可一定要当心。因为我们这些小客人的白色地下茎简直是出奇的长呢！在冻土带，我们这些小客人的球茎和块茎，埋藏在地下很深很深的地方。在暖和的或是有东西覆盖着的地方，它们就埋藏得浅一点。你们移植它们的时候，一定要记住这些。

尼娜·巴甫洛娃

田野里的声音

我和一个小伙伴去田里除草。我们正默默地走着，却听见草丛里的一只鹌鹑对我们说："除草去！除草去！除草去！"我对它说："我们就要除草去呀！"可它还是一声接一声地说："除草去！除草去！"

我们走过一个池塘时，有两只青蛙从水面探出脑袋，鼓起耳后的鼓膜使劲地叫。一只青蛙在喊："傻瓜！傻瓜！"另一只青蛙回答它："你才是傻瓜！你才是傻瓜！"

我们来到田边时，有圆翅田凫扑扇着翅膀问我们："你们是谁？你们是谁？"我们答道："我们是从古拉斯诺亚尔斯克村来的。"

《森林报》通讯员　库罗西金

鱼类的声音

有人用无线电收音机广播了记录着水底声音的录音带，听到的是一些人类从没听见过的声音，有喑哑的啾啾声；有尖利的嘎吱声；有不知是谁的呻吟声和哼唧声；有独特的咯咯声，又夹杂着突然的一阵震耳的唧唧声，这些声音把满屋子的人声都盖住了。原来这是采集来的黑海里各种鱼类的声音。各种鱼都有自己独特的声音，与水底世界中的其他居民迥然不同的声音。

现在，我们发明了海底音响收听装置——敏感的"水底耳朵"，我们才发现水底并不是一个静默的世界，鱼类根本不是哑巴。这个发现有很大的实用价值：借助水底测音机的帮助，就可以探知什么地方有丰富的渔业资源，那些贵重的鱼类往何处转移。这样，就不会盲目地出海捕鱼了，可以在确实知道鱼类的行踪后出发进行捕捞作业。将来，人也可能学会模仿鱼类的声音来诱捕鱼群。

天然屋顶

花朵里最娇气的部分就是花粉。花粉一被打湿后就会坏掉。雨水、露水都对它有害。那么花粉该如何保护自己，免受被雨露沾湿的危害呢？

铃兰、覆盆子、越橘的花朵，都像是倒挂着的小铃铛，因此它们的花粉就藏在了"屋顶"底下。

金梅草的花朵是朝天开的。但它的花瓣都像小勺似的向里弯着，层层花瓣的边儿互相压着。这样，就形成一个严丝合缝的小球。雨点落在花上，可是没有一滴雨能落在被小球包在里面的花粉上。

凤仙花现在含苞待放，它把自己的每一个花蕾都藏在叶子下面。多巧妙啊——花梗架在叶柄上，这样花儿就能乖乖地开在叶子底下，就像躲在屋檐下一样了。

野蔷薇花的雄蕊多得很，一到下雨的时候，它就把花瓣闭合了。莲花在刮风下雨的时候，也会把花瓣闭合。

毛茛花避雨的方法是向下垂。

森林之夜

有一位《森林报》通讯员给我们写信："我曾在夜里去森林里听动静，听到了各种各样的声音。可是我弄不清那都是哪些动物的声音。那么，我该如何为《森林报》写报道来描述这个夜森林呢？"

我们是这样答复他的："请把你听到的声音都照直描写出来，我们会想法辨别的。"

后来，他就给我们编辑部寄来了这样一封信：

"说实话，我在夜森林中听到的，尽是些嘈嘈杂杂的声音，一点也不像你们在报上提到的森林乐队所发出的声音。

"鸟声变得稀落，后来四周一片静寂。现在是半夜了。

"后来，突然在一片高地，传来了低沉的琴弦声。起初琴声很小，后来越来越大，终于变成宏大的低音；随后，声音又越变越小了，最后一切归于静寂。

"我心想：'这作为前奏曲的话倒是不算坏。虽然是个独奏，可总算是开了个场。'

"这时林子里突然发出一阵狂笑：'哈哈——哈哈！呵呵——呵呵！'这声音让人毛骨悚然！我觉得好像有一群蚂蚁爬过我的脊背。

"我心想：'这是送给刚才那位琴手的吗？——是想笑话

他吧！'

"四周又沉寂了，静了好久后，我心想：'再也不会有什么动静了吧！'

"后来，我听见有一种给留声机上发条的声音。这个声音持续了很久，可总没有音乐响起。我心想：'莫非是它们的留声机坏了？'

"上发条的声音停止了，后来又响起来了：特了了，特了了，特了了……没完没了，简直讨厌死了。

"发条总算上好了。我心想：'现在可该上唱片了吧。马上就要有音乐响起了。'

"忽然间，这时响起了拍巴掌的声音。那掌声拍得热烈得很，响亮得很。

"我莫名其妙：'这是怎么回事儿？还没有音乐，怎么就拍起巴掌来了？'

"这就是我听到的那些声音。后来，又有给留声机上发条的声音，只是没有任何音乐响起，却又有人鼓掌。我很生气，就回家了。"

我们想对这位通讯员说，他不该生气。他最先听见的像低音琴弦似的声音，是一种甲虫——大概就是金龟子的嗡嗡声。那令人毛骨悚然的笑声，应该是大猫头鹰——灰林鸮（xiāo）的叫声。它的叫声就是那么讨厌，你能有什么办法！

"特了了，特了了，特了了，特了了——"给留声机上发条的声音，是蚊母鸟发出的。蚊母鸟也是夜里活动的鸟，不过它不是猛禽。蚊母鸟当然不会有留声机——那声音是从它的喉咙里发出来的。它自己觉得那是唱歌呢！

鼓掌的也是蚊母鸟。它当然不是在拍手，而是用翅膀在空中啪啪地拍。那声音非常像拍巴掌。

它究竟为什么要这么做呢——我们编辑部也解释不了，因为我们不知道！

也许就是心里高兴，在撒欢吧。

游戏和舞蹈

沼泽地里，灰鹤围成一圈，开起了舞会。有一两只走到舞台中间开始跳舞。起初还没什么花样，不过是用两条长腿蹦蹦罢了。后来越跳越来劲，索性大跳特跳，跳那些奇形怪状的步子，那些舞步真能笑死人！转圈跳啊，蹿来蹿去呀，蹲矮步呀——堪比踩着高跷去跳俄罗斯舞！站在后面的那些灰鹤用翅膀打着拍子，很有节奏，不快也不慢。

在空中游戏和跳舞的那些猛禽中，游隼是表演得特别出色的一种。它们一直飞到白云下，展示它们的机灵劲儿，有时突然收拢翅膀，从高得令人目眩的半空里，像粒石子一样飞了下来，眼看要到地面了，才把翅膀张开，来个大盘旋，又直冲云霄；有时它张着翅膀僵在很高很高的空中，一动不动，好像被一根线吊在白云下似的；有时它忽然在空中翻起跟头，活像一个小丑倒栽葱，一路猛地落向地面，回旋着，扇着翅膀。

最后飞来的一批鸟

　　春天快过去了。最后一批飞去南方过冬的鸟，就要飞回来了。
正如我们所料，这些鸟儿都穿着五彩缤纷的衣裳。

　　此时，草地上盛开着花朵，乔木和灌木上都生着新叶，这时
它们很容易就能躲避猛禽的袭击了。

　　有人曾在彼得宫里的小河上看见过翠鸟，它们穿着翠绿色、
棕色和浅蓝色三色相间的大礼服。它们从埃及飞了回来。

　　黑翅膀、全身金黄色的金莺在丛林里叫着，它们的声音就像横笛的声音，又像瘦瘦的猫儿的叫声。它们是从南非洲飞回来的。

　　潮湿的灌木丛里，隐约出现了蓝胸脯的小川驹鸟与羽色很杂的野鹣的身影；沼泽地里，出现了金黄色的黄鹡鸰。

　　粉红胸脯的鹈（jú）鸟，戴着毛茸茸围脖的五彩流苏鹬，还有绿色与蓝色相间的僧鸟，也都飞回来了。

秧鸡徒步走回来了

还有秧鸡——一种有翅膀但不善飞行的怪家伙，从非洲徒步走回来了。

秧鸟飞得很费劲，而且速度非常慢，所以它飞行的时候，很容易被鸢鹰和游隼抓住。不过，秧鸡跑得特别快，而且很善于藏在草丛里避险。因此，它宁可徒步穿越整个欧洲，在草场上和灌木丛间悄悄前进。只有迫不得已的时候，它才张开翅膀飞翔，而且多是在夜里。

现在秧鸡到了我们这儿，在高高的草丛里成天叫唤着："克利克——克利克！克利克——克利克！"你能听到它的叫声，可是如果你想把它从草丛里赶出来，仔细瞧瞧它长得什么样儿——那可不容易！不信，试试看吧！

有的笑，有的哭

森林里的生物大多是快快乐乐的，只有白桦在哭。

在灼热的阳光下，白桦的树液越流越快，有些甚至从树皮的孔里流到了外面。

人们把白桦树液当成好喝又滋补身体的饮料，所以人们就割开树皮，把树液收集到瓶子里。如果白桦流出了过多的树液，就会干枯，甚至死掉，因为树液之于树就像人体里的血液之于人那样重要。

松鼠开荤

　　松鼠吃了一个冬天的素食。它吃松果，还吃从秋天就储藏起来的蘑菇。现在终于到了它开荤的时候了。

　　许多鸟已经做窠，生了蛋。有的鸟甚至已早早地孵出了小鸟。

　　这可便宜了松鼠：它去树枝上和树洞里找到鸟窠，然后把小鸟和鸟蛋掏出来饱餐一顿。

　　在破坏鸟窠这样的坏事上，可爱的松鼠倒也不亚于任何猛禽呢！

我们这里的兰花

在我们北方，这种怪异有趣的花是难得一见的。当你看到它们的时候，自然而然就会想到它那大名鼎鼎的近亲——热带森林兰。在我们这儿，兰花只生在地上。而与众不同的热带森林兰却生在树上。

我们这儿有几种兰花的根非常发达，像一只胖乎乎的小手，张开5个小手指头牢牢地抓住地。有的花儿非常美丽，有的花儿却不好看，甚至有点丑陋。不过，兰花真得好香啊！无论哪一种兰花的香气都令人无限陶醉！

最近这些日子，我才在罗普萨第一次看见一种兰花，堪称兰花中的精品。这是一种我从未见过的植物，开着5朵美丽的大花。我撩起一朵花看了看，马上就恶心地把手缩了回来，我看到有一只红褐色的、怪怪的苍蝇落在花上。我用麦穗去拍它，它动也不动。再仔细一瞧，原来那不是苍蝇。这东西像天鹅绒般柔滑，上面还布满着浅蓝色斑点，还长着毛茸茸的短翅膀、小脑袋以及一对触须。不过，无论怎么说这都不是苍蝇，这是兰花的一部分。这种花叫蝇头兰。

找浆果去

　　能摘草莓了。有时我们能在向阳的地方看到已经熟透了的草莓的红彤彤的浆果。它香甜极了！你吃过之后，很久也忘不了那种味道。

　　覆盆子也熟了。沼泽地上的云莓也快要熟了。覆盆子枝上挂着很多浆果，每棵草莓上却顶多只有 5 个浆果。云莓最小气了：它的茎上只挂着一个浆果，而且并不是每一棵云莓上都结着浆果，有的云莓只开花，不结果。

尼娜·巴甫洛娃

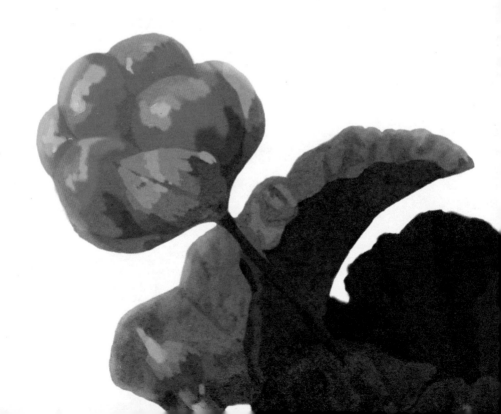

它是哪种甲虫

我捉到了一只甲虫，却不知道它是哪种甲虫，也不知道该喂它吃点什么。它长得很像瓢虫，不过瓢虫是红色的、带着白点，而这只甲虫却浑身漆黑。它圆乎乎的，长得比豌豆粒稍微大一点，有六只脚，也会飞。它的后背有一对黑的硬翅膀，翅膀下长着黄色的复翅。它抬起硬翅，展开复翅，就飞起来了。

十分有趣的是，它一遇到什么危险，就把小爪子收进肚皮，把触须和头缩到身体里。这时，你把它拿在手里端详一下，就不会说它是甲虫了，它真的很像一粒黑色水果糖。不过，只要有一会儿工夫没人去碰它，它就先伸出六只脚，然后伸出头，最后伸出触须。

我恳切地希望您回答我：它是哪种甲虫？

柳霞（12岁）

来自编辑部的解答：

你对这个小甲虫描写得非常仔细，所以我们马上就能判断出它是哪种甲虫了。它是阎魔虫，也被称为小龟虫，因为它就像乌龟似的，爬得很慢，也会把头和脚都缩进壳里。它有很深的甲壳，完全可以把头、脚、触须都缩进壳里。

阎魔虫的种类很多，有黑色的，也有其他颜色的。各种阎魔虫都吃腐烂的植物与厩粪。

有一种阎魔虫，黄色的，浑身长着细毛，它们在蚂蚁窝里生活。它们常常是自由自在的飞到外面去，然后又飞回蚂蚁窝。蚂蚁并不排斥它们。蚂蚁在保护自己的窝的同时，也保护着房客——阎魔虫，不让它们受到仇敌的侵害。

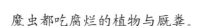

燕子的窠

5月28日

恰好在我房间的窗子对面，有一对燕子在邻家小木房的屋檐下做起窠来了。这让我非常高兴：这回我可以直接看到燕子是如何造出它们那出名的小窝了。而且还能知道它们什么时候开始孵蛋，它们怎样喂小燕子。

我留心观察这对小燕子，看它们是飞到什么地方衔建筑材料的。原来它们就是从村庄附近的小河边衔来的。它们径直飞到小河边，落到河岸上，用嘴挖起一小块河泥，然后衔着飞回小房子。它们轮流换班，把泥糊在屋檐下的墙上，糊完一块接着又糊另一块。

5月29日

糟了，不光是我一个人对这个燕窝感兴趣——隔壁有一只大公猫，今天一大早就爬上房顶去看。这只猫是一只粗野的流浪猫，浑身的毛被撕得一片一片的，因为跟别的猫打架，右眼都瞎了。

它一直盯着飞来的燕子，而且还不时偷看檐下，看那窝做好了没有。

燕子发现它后，发出了惊慌的叫声。只要猫待在房顶上不走，它们就会停工，不继续做窝了。难道燕子想要离开这里了吗？

6月3日

最近这几天，燕子已经做好了像镰刀似的窠的基部。大公猫常常爬到房顶上吓唬它们，妨碍了它们工作。今天午后，燕子根本没露面。看来是想要放弃这个工程了。它们会找到一个比较安全的新址，那样的话，我可就什么都观察不到了！

真令人沮丧啊！

6月19日

这些天一直很热。屋檐下的那个用黑泥垒的镰刀似的底座干了，颜色也变得灰暗。燕子再也没有来过。今天白天乌云密布，下起雨来，那是真正的倾盆大雨啊！窗外像是挂起了一条水帘子。一股股雨水像小河一样奔流在大街上。要蹚水过河是不行了——小河泛滥了，河水咆哮着哗啦哗啦向前淌着，沿岸的稀泥差不多要没到膝盖了。

这场雨下到黄昏时分才停。一只燕子飞到了屋檐下。它落在那筑成的镰刀似的底座上，紧贴着墙待了一会儿，又飞走了。我想："也许燕子不是被大公猫吓走的，不过是因为这段时间它们没地方去找做窠用的湿泥，也说不定它们还会回来吧！"

6月20日

燕子飞回来啦！飞回来啦！而且不仅有一对，还是一大群呢！它们都盘旋在房顶上，不时朝屋檐下看，激动地叽叽喳喳叫着，好像是在争论什么。它们议论了十来分钟后，一下子都飞走了，只剩下一只。剩下的这只燕子用爪子抓牢镰刀似的泥窠基，停在那儿只顾着用嘴修理窠基，也可能是用它那黏稠的涎水加固泥基。我相信这只雌燕子就是这个窠的女主人。过了不一会儿，雄燕子也飞来了，把一团泥嘴对嘴递给雌燕子。雌燕子继续筑窠，雄燕子又飞走去衔泥了。

大公猫又爬上了房顶，可是燕子现在不怕它了，也不再叫了，继续埋头干活，一直干到太阳下山。看来，我总算可以看见一个燕子窠落成了！但愿大公猫的爪子不要够到它。不过，燕子自己也知道应该把窠做在什么地方才安全吧！

摘自少年自然科学家的日记

《森林报》通讯员　维立卡

斑鹟的窠

5月中旬的一天傍晚，8点钟左右，我在我家花园里发现了一对斑鹟。它们在一棵白桦旁的柴棚屋顶上落下了。我在白桦上挂了一个带活动盖儿的树洞形的人造鸟窠。后来，雄斑鹟飞走了，留下来的雌斑鹟飞到了鸟窠上，但是没钻进去。两天后，我又看见雄斑鹟飞来。它钻进鸟窠，又钻了出来，后来落到了苹果树上。这时有一只朗鹟飞了过来，于是两只鸟就开始打架了。它们为什么要打架？可想而知：朗鹟和斑鹟都在树洞里做窠，朗鹟想要抢斑鹟的窠，但斑鹟坚守着自己的家，不肯让步。

于是这对斑鹟在树洞状的鸟窠里住了下来。雄斑鹟没日没夜的唱歌，不断进进出出鸟窠。

有一对燕雀落在白桦枝头，斑鹟没有理会它们。这倒并不

奇怪：燕雀和斑鹟不是死对头，燕雀不住树洞，而是自己筑窠，况且这两种鸟各吃各的食，互不妨碍。

两天后，有一只麻雀一大早就飞进了斑鹟家里。雄斑鹟猛地向它扑去，这两只鸟在鸟窠里打了一场恶仗。然后忽然之间一点动静也没有了。

我跑到白桦跟前，用木棍子敲了敲树干，从鸟窠里钻出来的是麻雀，雄斑鹟没有露面。雌斑鹟在鸟窠附近飞个不停，凄惶地叫着。我担心雄斑鹟可能被麻雀啄死了，就往鸟窠里看了几眼。雄斑鹟还活着，但是浑身的羽毛被撕扯的不成样子。窠里有两个蛋。

雄斑鹟待在窠里好几天没出来。我见它飞出来后，样子非常憔悴，刚一落地，就有几只母鸡追着它跑。我很担心它，就把它捉回我家，喂它吃苍蝇。到了晚上，我把它送回鸟窠。

7天后，我又去探望这只鸟，一股腐烂的气味扑面而来。我看见雌斑鹟正在窠里孵蛋，雄斑鹟紧紧地靠着墙，它死了。

不知道到底是麻雀又来袭击过它，还是因为在第一次打架后，它伤势过重，所以不治身亡。当我把死去的雄斑鹟掏出来的时候，雌斑鹟竟然都没离窝——后来它终于把小鸟孵了出来。

贝克夫

林木大战（续前）

你们可曾记得住在采伐空地上的特约通讯员给我们写的信吗？他们一直在等待空地会长出一片青绿的小云杉林来。

他们的愿望真的实现了！几场温暖的雨过后，在一个晴朗的早晨，那里真的变绿了。不过，从土里钻出来的都是小云杉吗？

压根不是！不知从哪儿来的一批横行霸道的草种族，竟然捷足先登了，长得又快又密，它们是莎草和拂子茅。不管小云杉如何拼命地往外钻，还是晚了一步——空地已经被野草占领了。

第一场林木大战开始了！小云杉用它们那锋利的矛一样的树尖，好不容易才拨开头上的密密麻麻的野草。草种族不甘示弱，拼命往小树身上压。在地面上大打出手，在地下打得不可开交。

野草的根和树苗的根缠绕在一起厮打着，它们你缠着我，我绕着你，你勒我，我掐你，如凶恶的鼹鼠般在地下乱钻，拼命抢夺那营养丰富、富含盐分的地下水。一大批小云杉还没见到天日，就在地下被像细铁丝一样又柔韧又结实的草根勒死了。

好不容易钻出来的小云杉，又被草茎紧紧地缠住了。富有弹性的草茎编织成一张地网，小云杉想用树尖拨开它们，但是，野草罩住小云杉，不让它们晒太阳。

　　只是在个别地方，有极少数小云杉钻到草种族的上面了。

　　当空地上的林木大战正激烈时，对岸河边的白桦刚刚开花。而对岸的白杨也已经准备好去这片空地远征了。

　　白杨的每一个葇荑花序里，都飞出几百个头顶着白毛的小种子——它们是独脚的小伞兵，头上都张着一顶白色的小降落伞。风儿兴致勃勃地挟着那一撮白毛，带着它们在空中转呀转，它们比绒毛还轻，像朵白云似的飘过了河。到了河对岸，风一撒手，将它们均匀地撒在整片空地上，直逼云杉国边境。这些独脚小伞兵们如雪花般落到小云杉与野草的头上。下过第一场雨后，它们就被冲到泥土下，暂时消失了踪影。

154

日子一天天过去了。林木大战还在继续着。现在已经可以看得出来，野草是较量不过小云杉的。野草拼命挺着身躯往上长，但是不久后它们就停止生长了。而小云杉却一直生长着。

如此一来，草种族可就受罪了。小云杉那长满了针叶的枝条遮在野草的头上，抢走了草种族的阳光。野草很快就衰弱了，软绵绵地瘫倒在地。

但是，这时地里又冒出了另外一支队伍，那就是白杨的小苗。它们是一簇簇地来到这世界上的，它们慌慌张张的，挤在一起，浑身瑟瑟发抖。

它们来得太晚了，没有力量与小云杉抗争了。

云杉用浓密的针叶树枝遮住小白杨头上的阳光，小白杨只好屈着身子，在树荫下，白杨的小苗很快就憔悴枯萎了。白杨是离开了阳光就不能活命的植物。

眼看云杉正一步一步地走向胜利。这时，又有一批敌国伞兵降落在空地了。它们是驾着双翅小滑翔机飞来的，它们刚一来，就躲进土里潜伏了起来。这些伞兵是白桦种子。它们热热闹闹地飞过了河，也均匀地散布在整个空地上。

它们能不能战胜这头一批占领军——云杉家族呢？我们的特约通讯员还不知道。

我们将在下一期《森林报》上刊载他们发来的新报道。

农事记

　　集体农庄的人们有很多事情要忙：播种完成后，要将厩粪和化肥运到田里，再把肥料施到今年的秋播地上。紧接着，就是忙着种菜园：第一件事就是栽马铃薯，紧接着种胡萝卜、黄瓜、芜菁、饲用芜菁以及甘蓝。亚麻这个时候也长起来了，该给它除草了。

　　那些孩子们也不闲在家里。他们在田里、菜园里以及果园里都是好帮手。他们帮着大人栽种、除草、为果树剪枝。集体农庄里的活儿可多啦！他们还要编扎够用一年的白桦扫帚①，

还要拔嫩荨麻，用嫩荨麻和酸模做的菜汤可好喝了。他们还要捕鱼：钓小鲤鱼、斜齿鳊、铜色鲹（guì）鱼、鳜鱼、鲈鱼、鲹鱼，等等；用鱼籪（duàn）和鱼梁来捕鳕鱼和小梭鱼；用鱼饵来捉鳜鱼、梭鱼和鳕鱼。

到了傍晚，他们就用捞网（在一根长竿子的一端安上一个框，框上装一个袋子形的网，这就是捞网）来捕捞各种各样的鱼。

深夜里，他们在岸边布下籪来捉龙虾，然后坐在篝火旁讲各种故事，有滑稽故事，也有恐怖故事，等着上籪的龙虾多了，再去收网。

清晨时，已听不见田公鸡——也就是灰山鹑在庄稼地里叫了。秋天播下的黑麦已经长到齐腰高了；春天播下的庄稼也长起来了。

灰山鹑还住在老地方，可是它不敢练嗓了：因为它身边就是它的窠，窠里有蛋，雌山鹑正在孵蛋。雄山鹑现在必须保持沉默，要不然就会叫出灾祸来的：不是大鹰会闻声而来，就是孩子们，再不然也可能招来狐狸，这些淘气鬼全是捣毁田公鸡窠的能手呀！

我们是大人的好帮手

刚一放假，我们这些小学生们就开始给集体农庄的大人们帮忙了。我们也在田里除草，也除害虫。

我们劳逸结合，既休息，同时也工作了，这样真是太好了。以后还有许多工作，要用心用力去做。不久后就该收割庄稼了。我们的工作是拾麦穗，还有捆麦束。

《森林报》通讯员　尼吉琴娜

新森林

在我们俄罗斯联邦的中、北部地区，春季造林工作已经结束了。大片大片的新森林诞生了，总面积差不多有 10 万公顷。今年春天，在苏联欧洲部分的草原地带、森林草原地带，约 25 万公顷的新防护林带诞生了。同时，集体农庄还建成了大批的苗圃，明年将供应 10 亿多棵乔木、灌木树苗，以供造林使用。

到今年秋天，俄罗斯联邦的林场还要再造几万公顷的新森林呢！

---

① 白桦扫帚是苏联人的洗澡用具。他们将白桦的枝叶扎成一束，在洗澡的时候用它蘸热水在身上拍打。

集体农庄新闻

借逆风

村里收到从亚麻田里寄来的一份投诉书。亚麻苗投诉田里出现的敌人——杂草，杂草在田里胡作非为，简直不让亚麻们活命了。

村里的女庄员们马上去帮亚麻的忙。她们惩治杂草，百般爱护着亚麻。她们脱掉鞋子，沿着田垄，光着脚小心翼翼地顶着风走。亚麻在她们的脚下向地面弯下去了，然后逆风把亚麻的茎一托，就把亚麻推了起来。于是亚麻又从容地站起身来，它们的天敌却被消灭掉了。

今天头一次放风

牧人把一群小牛犊放到牧场上去了。这对小牛犊来说还是头一回。它们感到了无比的欢乐，翘起尾巴，跑呀跳呀，满世界撒欢儿呀！

绵羊脱大衣

在我们红星集体农庄的绵羊剪毛室里，有十位有丰富经验的剪毛工人正在用电推子给绵羊剪毛。他们把绵羊浑身上下的毛都剪得干干净净，就像把绵羊身上的绒毛大衣脱掉了似的。

"谁是我的妈妈呀？"

当牧羊人把"脱掉大衣"的绵羊妈妈放回羊群的时候，小绵羊已经不认识它们的妈妈了。小绵羊悲悲切切地咩咩地叫着："你在哪儿呢？妈妈，你在哪儿呢？"

牧羊人帮每一只小羊羔找到妈妈后，又回到绵羊剪毛室去给下一批绵羊剪毛了。

牲口的队伍越来越壮大

集体农庄的牲口队伍一天比一天壮大。今年春天新增的小马、小牛、小绵羊、小山羊以及小猪，有好多只呢！

昨天一夜的时间，小河村的小学生饲养的牲口群，就扩大至 4 倍。从前山羊只有一只，现在有了 4 只，它们是山羊妈妈库姆希加和它的 3 个孩子——库加、姆扎和施卡利克。

花期到了

果园里的果树迎来了一生中最重要的花期。看，草莓已经开过花了；一棵棵樱桃树上，开满了一簇簇雪白的花；昨天梨树也开花了；再过一两天，苹果树也会开花的。

在新集体农庄里生活

昨天，在温室里培育出的南方蔬菜——番茄秧搬家了。它的新居就在池塘边的园地上。黄瓜秧搬到它们的隔壁跟它们做邻居了。番茄秧的体格很结实，正准备开花呢。黄瓜秧还小，仍躺在它们的白封套里，只露出了鼻子尖。土地妈妈呵护着这些孩子，不让贪婪的鸟看见它们。娇小的黄瓜秧什么时候才能很快地长得高高大大的，赶上番茄呢？

协助六只脚的劳动者授粉

一提起与农业有关的昆虫，我们就能想起庄稼里的种种害虫。它们身体虽小，但却是庄稼的非常可怕的敌人。我们竟然忘记了，还有很多六只脚的劳动者在田里为我们干活儿。我们也忽略了，它们在为植物授粉的工作上起着多么重大的作用。像蜜蜂、丸花蜂、姬蜂、甲虫、蝇类、蝴蝶等许多有翅膀和六条腿的小昆虫，在辛勤地为黑麦、荞麦、亚麻、苜蓿、向日葵等作物授粉。

有时候，小劳动者们忙不过来，我们只好协助它们。我们

163

两个人各拉着一根长绳子的一头，从开花农作物的梢头拖过去，梢头就会弯下来，然后花粉就落了下来，随风飘散到田间，或是粘在绳子上，被带到其他花上去。我们这样给向日葵授粉：将花粉收集到一小块兔子皮上，然后把这块兔子皮上的花粉扑到那些正开着花的向日葵花盘上。

城市新闻

来到列宁格勒市里的麋鹿

5月31日清晨，有人在梅奇尼科夫医院附近看到一只麋鹿。最近几年里，麋鹿出现在市区已不止一次了。人们猜测，麋鹿是来自符谢罗德区的森林里的。

鸟说人话

有一位公民，来到《森林报》编辑部，述说了这样一件事："早晨，我去公园里散步。忽然听到一种声音，好像是从灌木丛里传来的：'特里希卡，薇吉尔？'那声音非常响亮，也很急切。我打量了一圈，四周一个人都没有，倒是在灌木丛上有一只浑身通红的小鸟。我心想：'这是什么鸟呀？居然会说人话。它问的那个特里希卡又是谁呢？'它接着又重复那句话了：'特里希卡，薇吉尔？'我朝它迈近了一步，想走到它面前看个清楚。可是它一溜烟就消失在灌木丛中，不见了。"

这位公民看到的鸟，名叫红雀。是一种从印度飞来的鸟。它的叫声听起来确实很像在问什么。不过，有人听它在问："看见特利希卡了吗？"也有人以为它在问："看见格里希卡了吗？"

深海里来的客人

最近从芬兰湾游来了好多小鱼——胡瓜鱼，它们是从海洋游到涅瓦河来产卵的。它们产完卵后，会重新回到海洋的。

只有一种鱼苗是产在深海里，然后再从深海游到河里生活的。它的出生地是大西洋中的藻海①。这种奇特的鱼，就是小扁头鱼。

你没听说过这样的鱼名吧？这倒也难怪：因为这是这种鱼住在海洋时的小名。那时，它浑身透明，能透出肚子里的肠子，它腰身扁扁的，像一片树叶。等它长大后，就变得像一条蛇了。

等它长大了，大家才恍然大悟，原来它是鳗鱼啊。

小扁头鱼要在藻海里生活三年。到了第四年，它们就会变成小鳗鱼，身体还是像玻璃般透明。那时，鳗鱼会成群结队地游进涅瓦河。它们从大西洋那个神秘的深海里游来，游到我们这里至少要走 2500 公里的路呢！

---

① 大西洋的北赤道洋流呈环状流动着，环中海水平静，有诸多藻类，因此被称为藻海。

试飞的鸟儿

当你在公园、街头或是林荫路上走的时候，要时不时往上头瞅瞅！当心有小乌鸦或是小椋鸟从树上掉下来，还有小寒鸦或是小麻雀从屋檐上掉下来，摔在你头上。现在这些小鸟刚出窝，正在学飞呢！

走过城郊

最近这段日子，住在郊区的人一到夜里就能听到一种低沉的、断断续续的鸣叫声："呼喊——呼喊——呼喊——呼喊！"起初，声音是从这一条水沟里传出来的；接着，又从另一条水沟里传了出来。原来是路过郊区的黑水鸡。黑水鸡与秧鸡有血缘关系，它也和秧鸡一样，是徒步穿越全欧洲到我们这儿的。

古城外采蘑菇

一场温暖的及时雨过后，就可以去城外采蘑菇了。这时，平茸蕈、白桦蕈等食用菌都从土里钻了出来。这是夏季的头一批蘑菇，被统称为麦穗蕈，它们出世的时候，正值秋播黑麦开

167

始抽穗。不久之后，一到夏末，就见不到它们了。

要抓住采蘑菇的时机啊，当你看到花园里的紫丁香花凋谢之时，你就应该知道春天要离开了，夏天要开始了。

飘来的云团

6月11日，有很多人在涅瓦河畔散步。天空中没有飘着一丝云，天气热得很。房子和柏油路被晒得很烫，人们也被烘烤得喘不过气来。孩子们在顽皮地嬉闹。

突然之间宽宽的河那边飘过一大片灰蒙蒙的云。人们都停下了脚步，望着天边这朵云。只见这朵云飞得很低，几乎就是擦着水面飞。大家眼瞅着它越来越大。终于，它发出的窸窸窣窣的声音把散步的人吸引过来围观，这时大家才看明白，原来不是云，是一大群蜻蜓。一眨眼的时间，这里就变成了一个奇幻的世界。因为有这么多扇动着的小翅膀，所以有一阵凉凉的微风掠过。

孩子们停下了游戏，出神地望着这奇异的景象：太阳光透过蜻蜓薄薄的翅膀，照得蜻蜓像彩色云母似的，在空中闪着美丽的光。此时人们的脸一下子变得五彩缤纷，无数极小的彩虹、光影和星星跳动在他们的脸上。这片小蜻蜓云团发出嗖嗖的声响，飞过河岸的上空，越升越高，最后飞到房屋的后面，看不见了。

这是一群新出世的小蜻蜓，它们成群结队去寻找新的家。至于它们是在哪出生的，要飞去哪里落脚，谁都不知道。

其实各处都有这种成群结队的蜻蜓。如果你遇到了蜻蜓群，不妨考察一下小蜻蜓是从哪儿飞来的，要飞到哪里去。

列宁格勒州的新野兽

最近这几年来，猎人们常会在列宁格勒州叶非莫夫区与邻近几个区的森林里，看到一种当地居民也不认识的野兽。这种动物的个头跟狐狸差不多大。它就是乌苏里的浣熊狗，也可简称为浣熊。

它们怎么会跑到这里来？很简单：是用火车运来的。

50多只浣熊被火车运来后，就放到我们州的森林了。它们在10年间繁殖了很多后代，现在已经准许猎人捕猎它们了。

浣熊的毛皮非常珍贵。在我们州，整个冬天都可以打到浣熊，因为它们虽然也冬眠，但天气暖和的时候，还是会出来逛逛的。

欧鼹

有人把欧鼹当成啮齿类动物，以为它们像老鼠似的，在地下乱掘洞，吃植物的根。其实这是冤枉了欧鼹，欧鼹根本不属于鼠类，它其实更像是身穿天鹅绒般光滑柔软的皮大衣的刺猬。欧鼹也是一种吃昆虫的兽，它吃金龟子及其他害虫的幼虫，因此对于我们来说，它是非常有益的。它对植物也没有危害。

不过，欧鼹有时也会在花园或是菜园里刨洞，将一堆一堆的土翻出来，抛到花台或是菜垄上，也会把好端端的花或是蔬菜碰坏，发生这种事时，主人总觉得有点气恼。

遇到这种情况的时候，那主人尽可以心平气和地在地上插一根长竿子，竿子上安一个小风车。

风来了，风车就转。风车转动后长竿子就会抖动，竿子下面的土地也一起颤着，鼹鼠洞里发出嗡嗡的响声。这样，所有鼹鼠都会四散逃走的。

少年自然科学家　尤兰

蝙蝠的音响探测器

有一只蝙蝠在一个夏天的夜晚从打开的窗户里飞了进来。"快把它赶走！快赶！"女孩儿们用围巾裹住自己的头，张皇失措地尖叫起来。一位秃头老爷爷嘟嘟哝哝不以为然地说："它是冲着窗户里的亮光来的，不会往你们头发里钻的！"

直到数年前，科学家们也还是没明白，为什么在漆黑的夜里飞行的蝙蝠能不迷路。科学家曾这样试验过：把蝙蝠的眼睛蒙上，再堵住它们的鼻子。但它们还能躲开一切障碍，甚至在拴满细线的房间里，都能灵活躲开"天罗地网"。

直到发明了音响探测器以后，我们才将这个谜揭开了。科学家们现在已证实：蝙蝠在飞行的时候，都会从嘴里发出超声波——一种人耳听不到的尖细的叫声。超声波无论遇到何种障碍，都能反射回来。蝙蝠的耳朵能"收听"到这些信号，如，"前面有墙"或是"有线"或是"有蚊子"。只有女人那又细又密的长头发反射超声波的性能不够好。

秃头老爷爷当然没什么好担心的，可是女孩儿们的浓密美发，的确有可能被蝙蝠误认为"窗子里的亮光"，它很可能会冲着扑过去的。

给风打个分数

小风是我们的朋友。

在夏天炎热的中午，如果没有一点风，我们便会热得透不过气来。当平静无风的时候，烟囱里的烟会笔直地升向天空。如果空气以不到 0.5 米每秒的速度流动的话，我们就感觉不到风的存在，我们给这种风打 0 分。

软风的速度是 0.3～1.5 米每秒，也就是 18～90 米每分，或是 1～5 公里每小时。这大概是人步行的速度，在软风的吹拂下，烟囱里的烟柱已经开始往旁边吹了。我们会觉得脸上凉凉的，非常舒服，没有那么闷了。我们给这种风打 1 分。

轻风的速度是 1.6～3.3 米每秒，也就是 96～180 米每分，或是 6～11 公里每小时。这大概是人奔跑的速度。这时树上的叶子被风吹得沙沙作响。我们给这种风打 2 分。

微风的速度是 3.4～5.4 米每秒，或是 12～19 公里每小时。这大概是马小跑的速度。微风吹得细树枝左右摇摆，推着纸折的小船儿兴高采烈地跑。我们给这种风打 3 分。

气象学里是这样描述和风的：它使道路尘土飞扬，导致轻微的枝摇树晃，还激起大海些许波浪。它的速度是 5.5～7.9 米每秒。我们给这种风打 4 分。

清劲风的速度是 8.0～10.7 米每秒，或是 29～38 公里每小时。这大概等于乌鸦飞行的速度。它使树梢喧嚣，森林里的细树干也摇曳了起来，大海上涌起千层波浪。它还能将蚊蚋（ruì）吹散。我们给这种风打 5 分。

强风已开始嚣张了。它用力摇晃着树木；把晾在绳子上的衣服吹到地上；把人们的帽子从脑袋上刮下来；把排球抛来抛去，干扰打排球的人。它的速度堪比 39～49 公里每小时的火车客车的速度。幸亏气象学家们是用 12 分制给风打分。像我们这样的小学校的 5 分制是不够用的。气象学家给强风打 6 分。

请继续关注登在第八期《森林报》上的有关风的报道。

猎事记

我们苏联幅员辽阔，在列宁格勒附近，春猎期早已过去，可是这时的北方，河水才刚开始泛滥，正是打猎的好时节。很多酷爱打猎的猎人这时都会赶往北方。

在春水泛滥的地区荡小船

天上乌云密布，今天的夜就像秋夜一样黑。我与塞苏伊奇两个人乘一只小船，荡在林间小河上，两岸又高又陡。我在船尾划桨，塞苏伊奇坐在船头。塞苏伊奇是一位猎人，他会打各种飞禽走兽。但他不喜欢捕鱼，甚至也瞧不起那些钓鱼的人。不过今天他也要捕鱼的，可是却没有改了老脾气——他还是觉得自己是去"猎"鱼的，所以不用鱼钩钓、渔网捞，也不是用其他渔具捕鱼。

我们游过高高的河岸，来到了广阔的河水泛滥地区。这里有一些灌木的梢头露出水面。再往前驶去，只有一片模糊的树影。再往前驶去，就是森林了，真像一堵黑压压的墙。

　　夏天的时候，这个地区的一条小河和一个不算大的湖之间，只隔了一条很窄的岸，岸边长满了灌木。还有一条很窄的水道，连接了小河和小湖。不过，现在没必要去找这条小道，因为四周的水都很深。小船可以自由穿行在灌木丛。

　　我们的船头有一块铁板，上面堆着枯枝和引柴。塞苏伊奇用一根火柴点燃了篝火。篝火那红黄色的光照亮了平静的水面，也照亮了小船旁边灌木光秃秃的黑色的细枝。

　　我们现在可没时间东张西望，只注视着下面——被火光照亮的水深处。我轻手轻脚地划着桨，不让桨伸出水面。小船静静地行进着。我的眼前浮现出一个奇幻的世界。

　　我们已经划到了湖上。湖底好像藏着巨人，他的身子埋在泥里，只把头顶露了出来，任蓬乱的长发悄无声息地漂着。这到底是水藻呢，还是草呢？

　　瞧，原来这是一个无底深潭。也许实际上并没有那么深，因为火光最多只能照到水下两米深。但是，光是看一眼这黑咕隆咚的深潭就觉得可怕了：天知道这底下藏着什么？

　　有个银色小球从黑暗的水底浮了上来，起初它上浮得速度很慢，而后越升越快，越来越大。现在它冲着我的眼睛过来了，眼看着就要跳出水面，打到我的脑门……我不由自主地缩了一下脖子。

这个银色小球变成红色的了，钻出水后就炸了。原来只是个普通的沼气泡啊！

我们好像坐着飞艇在一个陌生的星球上旅行。

我们经过几个岛屿，岛上长满了挺拔、稠密的植物。是芦苇吗？是一个黑黑的怪物，它把自己多节的手臂弯成了钩，向我们伸了过来——原来是触须啊！这个怪物长得像章鱼，也像乌贼，不过，比它们的触须更多一些，样子也更难看、更吓人一些。这怪物到底是什么呢？原来那是一棵淹没在水中的有着交错树根的白柳残株啊！

我惊奇地看着塞苏伊奇的动作。

他站在小船上，用左手举着鱼叉——原来他是个左撇子，眼睛炯炯有神地注视着水面。他的样子真威武，真像一个满脸胡须的矮军人正擎起长矛，要将跪在他脚下的敌人刺死。

这是一个有两米长的鱼叉的柄。下面一头有 5 个闪闪发光的钢齿，每个钢齿上还生着倒齿。

在篝火下，塞苏伊奇的脸通红的，他转过头来，朝着我做了个怪怪的鬼脸。我就停止划桨了。

塞苏伊奇小心翼翼地将鱼叉浸到水里。我往下瞅了瞅，只见水深处有一个笔直的又黑又长的棍子，后来才看清楚原来那是一条大鱼的脊背。塞苏伊奇用鱼叉斜对着那条大鱼，慢慢地伸下去。后来鱼叉停在那里不动了，猎人也僵在那里一动也不动。猛一下子，他竖直了鱼叉，用力将其刺进了那条鱼的脊背。

湖水翻腾了一阵子，他把猎物拖了出来：是一条有两千克重的大鲤鱼，还在鱼叉上拼命地挣扎着。我们的小船又继续前进着。不一会儿，我就发现一条个头不算大的鲈鱼。它钻进水底的灌木丛里，僵在那一动也不动，好像在深思着什么。

我发现的这条鲈鱼离水面好近，我甚至连它身上的黑条纹都能看得见。我看了看塞苏伊奇，他摇了摇头，我知道他是嫌这条鱼小，于是我们没有抓它。

我们绕着湖面划了一圈。我眼前不停地出现水底世界的景色，真是迷人啊！猎人刺死了水底"野味"后，我还舍不得移开视线呢！

我们又遇见一条鲤鱼、两条大鲈鱼，还有两条长着细鳞的金色鲤鱼，都从湖底游入了我们的小船底。黑夜就要过去了。此时，船上还有点燃烧着的枯枝以及通红的木炭，掉进水里，嘶嘶地响着。偶尔还能听见头上有一阵"嗖嗖"的野鸭扇动翅膀的声音。有一只小猫头鹰在那黑黑的小岛似的小树林中柔和地叫着，好像在反复地提示着谁："斯普留！斯普留①！"有一只小水鸭在灌木丛后唧唧地叫着，叫声挺好听的。

我看到船头上有一根短木头，就把小船驶向一旁，免得撞上这根木头。可是，此时我突然听到塞苏伊奇低声喝道："停……别动……呲——梭鱼……"他兴奋得连说话都带"呲"声了。

177

鱼叉柄的上端拴着一根绳子。他赶忙把绳子缠在自己手上，瞄准了半天，然后小心翼翼地将武器插入水中。

他使出浑身力气刺向梭鱼。这条鱼竟拖着我们走了好一会儿！幸亏鱼叉刺得很深，梭鱼没办法挣脱。

这条梭鱼居然有 7 千克重呢！

塞苏伊奇费了好大劲才把它拖上船。此时，天差不多要亮了。琴鸡"啾叽啾叽"的叫声透过薄雾，从四面八方传到我俩的耳朵里。

"好啦！"塞苏伊奇开心地说道，"现在我来划桨，你来开枪。可别错过机会呀！"他将烧剩下的枯枝扔到水里，我换到船头，他换到船尾。

晨风清凉，很快就将薄雾驱散了，天空变得明朗起来。这是一个美丽的早晨。

此时，有一层绿色的薄雾笼罩着森林的边缘，我们沿林边划着船。水里伸出了一些光滑的白桦树干，还有粗糙的黑云杉树干。我们向远方眺望，看到树林就像是吊在半空中似的。往近处看，有两片树林浮动在眼前：一个全部树梢朝上，一个全部树梢朝下。清澈的水面就像一面镜子，水面奇妙地荡漾着，倒映着一根根白色树干和黑色树干，千万根细树枝被它照碎了、摇散了。

"准备……"塞苏伊奇低声说着。

我们沿着这片银光闪闪的水上"林中空地"，划到了桦树林边。有一群琴鸡栖息在桦树树梢那光秃秃的枝条上。令人惊奇的是：这些又大又重的鸟怎么没有把那些纤细的树枝压断呢？

雄琴鸡身体结实，脑袋小，尾巴长，尾巴尖上好像拖了两根辫子，天空明亮，所以它乌黑的身躯显得格外明显。而淡黄色的雌琴鸡就显得朴素、轻巧。

有一排乌黑和淡黄的大鸟栖息在丛林下面的水中，脑袋朝下地在那儿晃荡着。我们离它们不远了，塞苏伊奇轻手轻脚地划着桨，小船沿着林边前行着。为了不把那些容易受惊的鸟儿吓跑，我不慌不忙地从容端起了双筒枪。

所有琴鸡都伸长了脖子，把小脑袋转过来对着我们看。它们可能在心里感到奇怪吧：在水上漂浮的是什么东西啊？这东西对我们有没有威胁呀？

鸟儿的思想是很迟钝的。现在离我们最近的一只琴鸡，距离我们只有50多步了。它正心慌意乱地转着小脑袋，它大概在想：万一出什么意外的话，我该往哪儿飞呢？它跳着两只脚，缩上又踏下。细树枝都被它压弯了。为了让身子保持平衡，它惊慌地扇动着翅膀。不过，它看伙伴们都待在那儿不动，它也就放心了。

我开了一枪。清脆的枪声从水面上向树林荡漾过去，就像碰到墙壁似的，传过来一阵回响。

　　琴鸡扑通一声掉进水里，溅起了一层水沫，水沫在日光的照耀下显得七彩斑斓。一大群琴鸡噼里啪啦扇动着翅膀，一下子都从树上飞走了。我连忙冲着一只飞去的琴鸡开了第二枪，结果没打中。

　　不过，我一早就猎到了这么一只长着紧密羽毛的美丽的鸟，还有什么不满足吗？"好样的！"塞苏伊奇向我表示祝贺。

　　我们把湿淋淋地低垂着翅膀的死琴鸡捞了起来，不慌不忙地慢慢划着船，回家去了。

　　一群群野鸭很快掠过水面；勾嘴鹬尖叫着；沿岸的琴鸡叫得更响亮、更欢快了，唧咕的声音不绝于耳；云雀在田野上空鸣叫着；太阳挂在树林的上空。虽然我们一宿没有睡，此时却一点也没有感到疲惫呢！

《森林报》特约通讯员

---

① 俄文，意思是：我在睡觉。

诱饵

我们这一带有熊在胡闹，不是听说某个地方的一头小牛被咬死了，就是听说另一个地方的一匹小马被吃掉了。

我们召开了会议，在会上，塞苏伊奇说得很有道理，他说："我们不能等着熊来祸害咱们的牲口群，应该采取措施了。加甫里奇家的小牛不是死了吗？把小牛交给我，我用它当诱饵。如果熊也来咱们这儿晃悠，那就一定会被诱饵引来。即便它来，也甭想伤到咱们牲口的一根毛。我一定要想个办法收拾它。"

塞苏伊奇是我们这儿的好猎人。大家把那头死小牛交给他了，对他说："你干去吧！我们以后可以放心些了。"

塞苏伊奇将死小牛装到大车上，拉到树林里，放到一块空地上，给小牛翻了个身，让它的尸体头朝东躺着。塞苏伊奇对打猎的事样样在行。他知道，熊是不会动头朝南或是头朝西的尸体的——它会起疑心，它怕被别人伤害。塞苏伊奇用没剥皮的白桦树枝，在死小牛的四周圈起了一道矮矮的栅栏。又在离这道栅栏20多步远的并排的两棵树上搭了个棚子，棚子离地面约有两米高。这是观察平台，猎人夜里就守在这个平台上等野兽出现。全部准备工作就绪。不过，塞苏伊奇并没有睡在棚子里，他还是回家过夜。

过了一个星期的时间，他还是照旧回家睡觉。只是在早晨

181

腾出一点时间，去木栅栏那儿看看，绕着那儿走了一圈，卷一根烟抽一会儿，抽完就回家了。

农庄里的庄员们开始取笑塞苏伊奇了。小伙子们嬉皮笑脸地对他说："哎呀，塞苏伊奇，还是睡在自己家里的热炕上好啊，做梦更香甜吧？你不乐意在树林里守着吧？"可是塞苏伊奇是这么回答的："贼不来，守也是白守呀！"他们又对塞苏伊奇说："小牛可都发臭啦！"塞苏伊奇说："那才好呢！"

塞苏伊奇就是那么安然自在，真拿他没什么办法！

塞苏伊奇知道该做什么。他也知道，熊想着农庄里的牲口群，已经不是一天两天了。不过因为它眼前摆着个现成的死牲口，所以没有去扑那些活牲口。塞苏伊奇心里知道，熊闻到了死牛散发的那股像人尸一样的臭味。猎人那锐利的眼睛，发现了在放小牛的栅栏周围有熊的脚印。熊还没有动小牛，是因为它肚子不饿，要等牛尸发出更强烈的臭气时，它才会美滋滋地大吃一顿。这种乱毛蓬松的森林野兽就是这样的胃口。死小牛在那里躺了一个多星期了。塞苏伊奇还是每天回家过夜。终于有一天，他根据脚印，断定熊曾经爬过了栅栏，在牛尸上撕下了一大块肉。就在当晚，他带着枪爬上了棚子。

树林里的夜晚静得很，动物们都休息了。不过并非所有鸟兽都睡了，猫头鹰扇动着毛茸茸的翅膀，不动声色地飞过，搜寻着草丛中窸窣作响的野鼠。刺猬在林子里晃悠着，寻找着青蛙。兔子在咔嚓咔嚓地啃着白杨的苦树皮。一只獾在土里翻着它喜欢的那些细植物根。这时，那只熊悄悄地走向死小牛。塞苏伊奇奇困无比，这深更半夜的，他往常在这段时间都是睡得很香的。忽然，他听到什么东西喀嚓一响，不禁打了个冷战。也许他听错了？不是的。此时虽然天上没有月亮，但是北方的初夏夜，没有月亮也不算黑。他可以清清楚楚地看到，在泛白的白桦树栅栏上，爬着一只黑毛野兽。

熊爬过栅栏，吧唧吧唧地吃着。

"你等着瞧！"塞苏伊奇心里想道，"我这还有更好的东西招待你呢——我要请你尝尝枪子了。"他端起枪，瞄准熊的左肩胛骨，一声雷鸣般的枪响，惊动了沉睡的森林。兔子吓得从地上蹿起半米高；獾吓得呼呼直叫，慌忙奔回自己的地洞；刺猬缩成了一团，竖起了身上的刺；野鼠一溜烟躲进了洞；猫头鹰悄悄地飞进大云杉的浓荫里去了。

片刻之后，世界又安静了。于是那些昼伏夜出的野兽又放大胆子，各忙各的了。

塞苏伊奇从棚子上爬下来，走到栅栏边，卷上一支烟抽了起来。他不慌不忙地回家了。天就要亮了，得补上一小觉！

等到人们都起了床，塞苏伊奇对小伙子们说："喂，小伙子们！套上大车去树林里把熊拉回来吧！以后熊可伤害不了咱们的牲口了！"

打靶场答案

候鸟归乡月

1、 考察鸟类生活的秘密。

2、 少至两三个，多至五个。

3、 一串串的，有一根细带子把它们串在一起。

4、 林中的沼泽地。

5、 长满芦苇的河湾或是湖湾里的深坑。

6、 一百多粒种子。

7、灰山鹑。

8、扁虱。

9、"C"字白蝶。

10、泥鳅。

图书在版编目（CIP）数据

　　森林报 : 全 4 册 /（苏）比安基著 ；叶德新译 . 一长春 ：吉林出版集团有限责任公司，2012.3

　　ISBN 978-7-5463-8584-6

　　Ⅰ . ①森… Ⅱ . ①比… ②叶… Ⅲ . ①森林—少儿读物 Ⅳ . ① S7-49

中国版本图书馆 CIP 数据核字（2012）第 037205 号

森林报：全4册

著　　者	［苏］比安基
译　　者	叶德新
责任编辑	王　平　齐　琳
策划编辑	王燕南　冯　晨
封面设计	程　慧
开　　本	787mm ×1092mm　1/16
字　　数	424千字
印　　张	48
版　　次	2012年4月第1版
印　　次	2012年4月第1次印刷
出　　版	吉林出版集团有限责任公司
地　　址	长春市人民大街4646号（130021）
电　　话	总编办：010-63109462-1104
	发行科：010-88893125
印　　刷	三河市嘉科万达彩色印刷有限公司

ISBN 978-7-5463-8584-6　　　　　　　　　定价：80.00元